工程力学练习题

（第2版）

主　编 ◎ 张超平
副主编 ◎ 刘　阳　代红涛

西南交通大学出版社
·成都·

图书在版编目（CIP）数据

工程力学练习题 / 张超平主编. —2 版. —成都：西南交通大学出版社，2022.8（2025.2 重印）
ISBN 978-7-5643-8896-6

Ⅰ. ①工… Ⅱ. ①张… Ⅲ. ①工程力学 – 习题集 Ⅳ. ①TB12-44

中国版本图书馆 CIP 数据核字（2022）第 158340 号

Gongcheng Lixue Lianxiti
工程力学练习题
（第 2 版）

主编　张超平

责任编辑　姜锡伟
封面设计　何东琳设计工作室

印张：8.75　　字数：210千
成品尺寸：260 mm × 185 mm
版次：2017 年 9 月第 1 版
2022 年 8 月第 2 版
印次：2025 年 2 月第 5 次
印刷：成都中永印务有限责任公司
书号：ISBN 978-7-5643-8896-6

出版发行：西南交通大学出版社
网址：http://www.xnjdcbs.com
地址：四川省成都市金牛区二环路北一段 111 号
西南交通大学创新大厦 21 楼
邮政编码：610031
发行部电话：028-87600564　028-87600533
定价：24.00元

课件咨询电话：028-81435775
图书如有印装质量问题　本社负责退换

第 2 版前言

本书是与张超平主编的《工程力学》（第 2 版）教材相配套的练习题集，其内容紧扣主教材《工程力学》（第 2 版）中的各主要知识点、技能点，其顺序与主教材《工程力学》（第 2 版）章节顺序一致，方便学生与主教材配套使用。

在修订过程中我们保留了原练习题的题型结构，着重在内容上做了适当增减和整合，融进了更多的工程元素，进一步强化学生的工程应用能力。

本书由郑州铁路职业技术学院张超平担任主编，刘阳、代红涛担任副主编，樊苗、唐华瑞、郭营飞参与编写。

由于我们水平和经验有限，书中不足之处在所难免，恳请广大读者批评指正。

编　者

2022 年 5 月

第 1 版前言

本书是与张超平主编的《工程力学》教材相配套的练习题集，其内容紧扣主教材《工程力学》中的各主要知识点、技能点，其顺序与主教材《工程力学》章节顺序一致，方便学生与主教材配套使用。在本书编写过程中，我们将传统的思考题、问答题、基本计算题转换成填空题、判断题、选择题等形式呈现出来，方便学生练习和教师批改；在作图题和计算题的编写中我们尽量选择了工程实例或与工程实例相近的经典练习题，以期在加强学生对工程力学基本概念、基本方法和技能掌握的同时，提高学生的实际经验和工程意识；同时，练习题册中的题型与工程力学常见的考试题型相似，并且每个题目后都留有学生做题的空间，教师可以在本练习题册上直接布置作业、批改作业，学生做作业时也避免了抄题、画图的烦琐，方便了学生对“工程力学”课程的学习和备考。

本练习题册由郑州铁路职业技术学院张超平老师担任主编，代红涛老师担任副主编，刘阳、郭营飞老师也参加了编写及演算工作。

由于我们水平有限，书中缺点和不足在所难免，恳请广大读者批评指正。

编　者

2017 年 5 月

目　录

班级______ 姓名______ 学号______

一、填空题

1. 工程力学是研究物体________________和________的一门学科。

2. 刚体静力学的主要研究任务是________________________________。

3. 材料力学的主要研究任务是____。

4. 工程运动力学的主要研究任务是____。

5. 力的三要素是________________。

6. 一刚体在两个力作用下平衡的充分和必要条件是________________________。

7. 只受两个力的作用而平衡的构件称为________。

8. 约束给予被约束物体的反作用力称为________，它的方向总是与它所能限制的________方向相反。

二、判断题

1. 物体的平衡就是指物体静止不动。（　　）

2. 力的作用效应就是使物体改变运动状态。（　　）

3. 两个力等效的条件是两力的大小相等、方向相反，且作用在同一物体上的同一点。（　　）

4. 固定铰链支座约束一般只产生一个方向不定的约束反力。（　　）

三、单项选择题

1. 力的可传性原理（　　）。

A. 适用于一切物体　　B. 只适用于变形体

C. 只适用于同一刚体　　D. 只适用于平衡物体

2. 作用与反作用定律适用于（　　）。

A. 刚体　　B. 非刚体

C. 平衡物体　　D. 所有物体

一、根据要求作图

1. 图示架子上固定两根绳子与地面物体用绳子相连，试画出图示中 C、E 点的受力图。

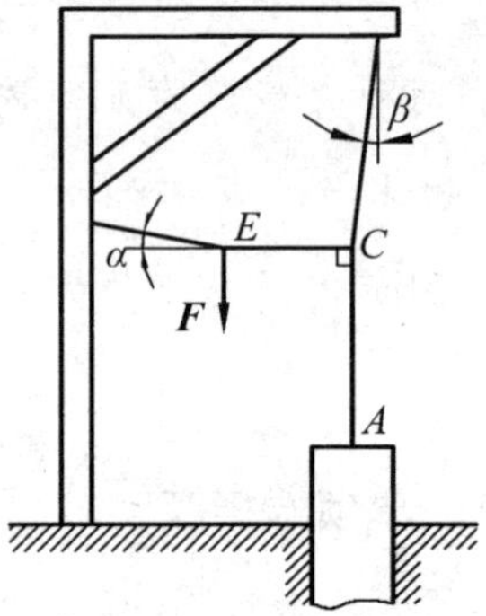

2. 分别画出图中各圆柱体的受力图。

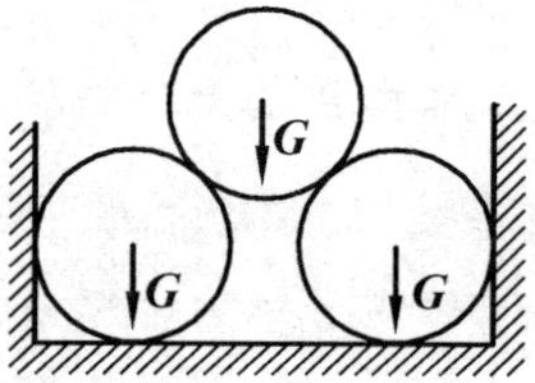

3. 画出图示各托架中各构件的受力图（各构件的自重不计）。

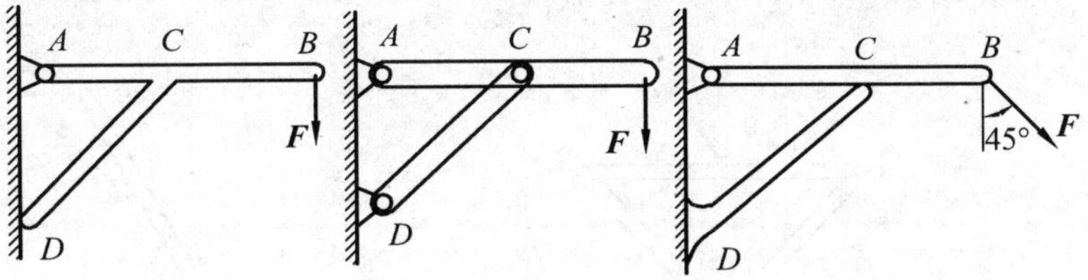

（a）　　　　（b）　　　　（c）

4. 图示中哪些构件是二力构件？（凡未画出重力的物体其重量忽略不计。）

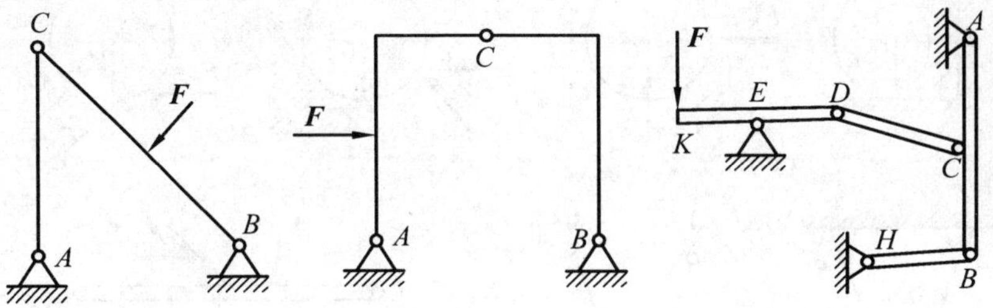

（a）　　　　（b）　　　　（c）

5. 图示受力图是否有错误？如有，请改正。

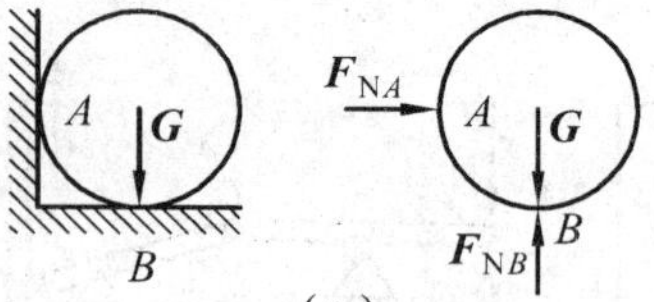

(a)

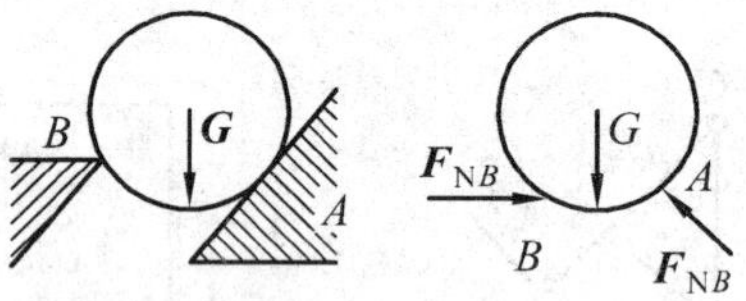

(b)

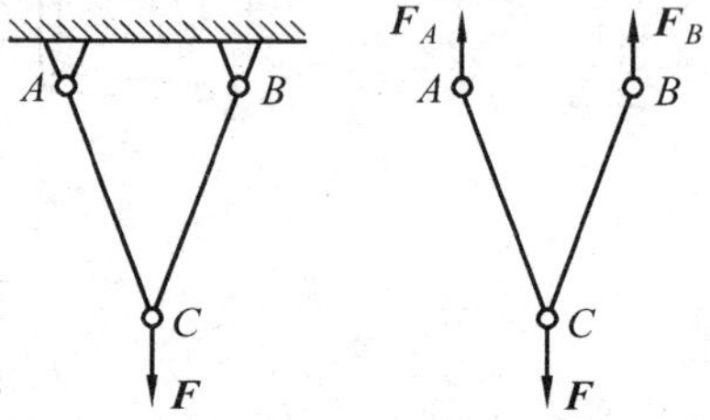

(c)

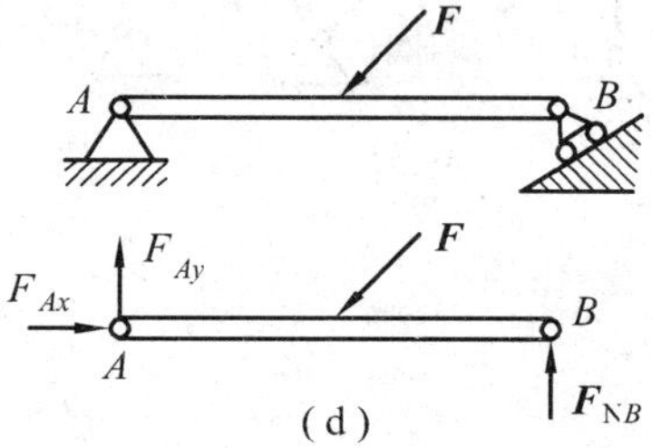

(d)

6. 画出图示物体系中各物体的受力图。未画重力的物体，均不计重量，所有接触处均为光滑接触。

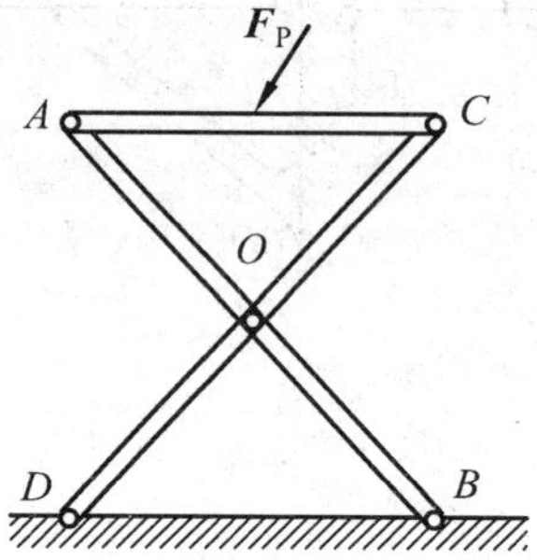

(a)

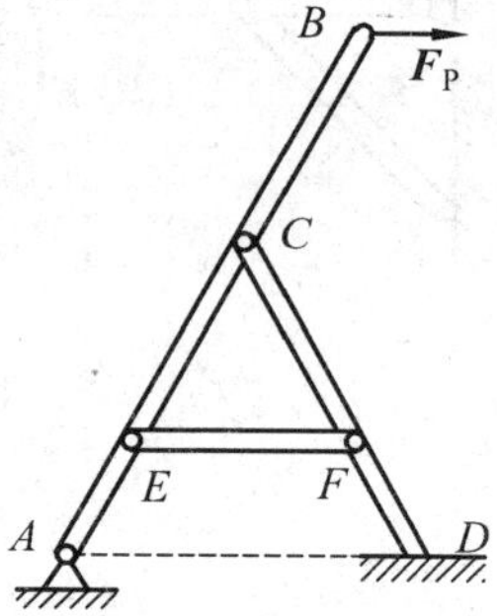

(b)

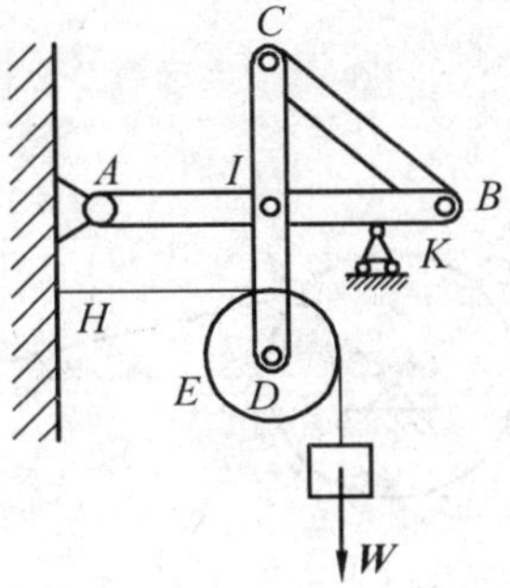

（c）

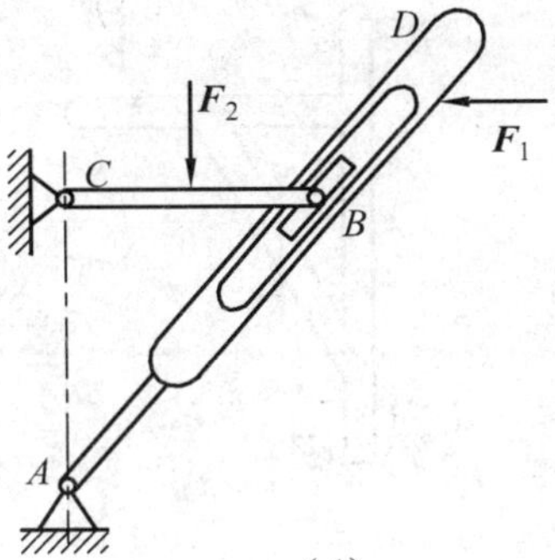

（d）

7. 画出图示物体系中各物体及整体的受力图。未画重力的物体，均不计重量，所有接触处均为光滑接触。

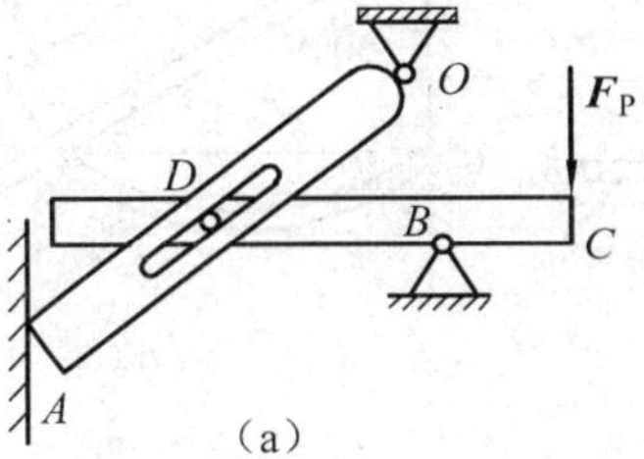

（a）

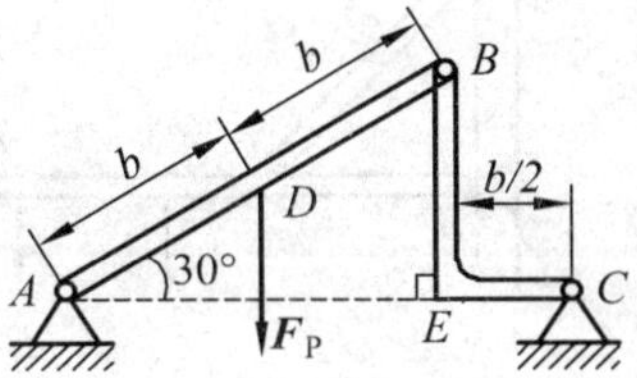

（b）

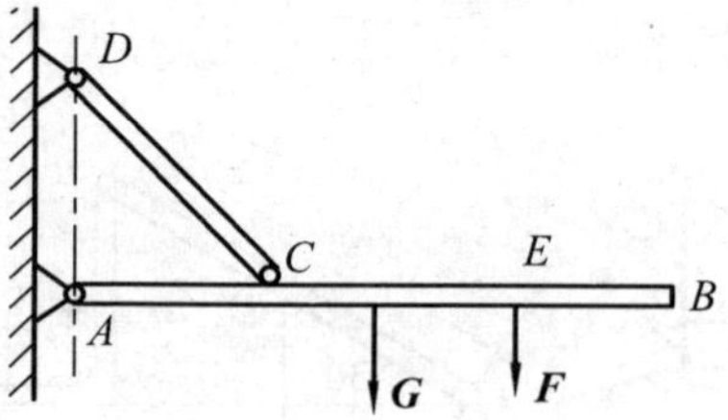

（c）

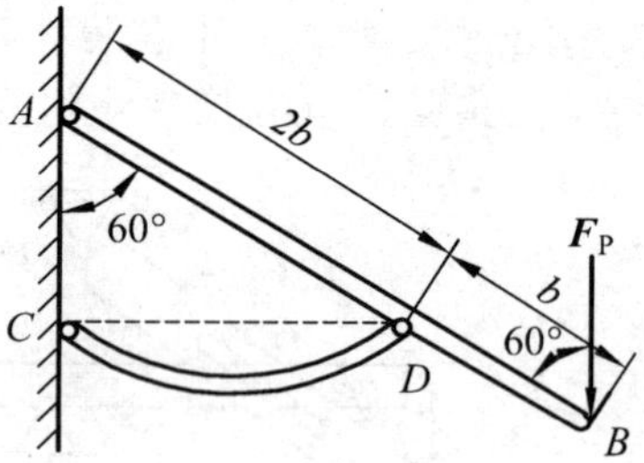

（d）

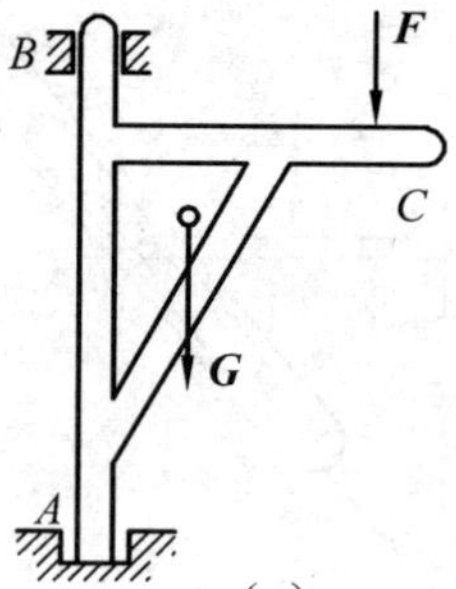

（e）

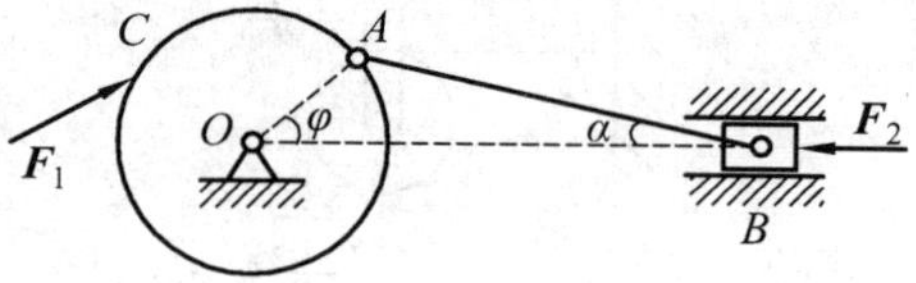

（f）

一、填空题

1. 合力在任一坐标轴上的投影等于各分力在同一轴上投影的＿＿＿＿＿＿。

2. 平面上两个力偶等效的条件是＿＿＿＿＿＿。

3. 力偶的三要素是＿＿＿＿＿＿。

4. 力偶在任一轴上的投影等于＿＿＿＿,力偶对其作用面内任一点之矩恒等于＿＿＿＿＿＿。

5. 合力对某点之矩等于＿＿＿＿＿＿对该点之矩的代数和。

6. 力矩为零的条件是＿＿＿＿＿＿。

7. 作用于刚体上的力等效平移时，必须附加一个＿＿＿＿，它的值等于＿＿＿＿＿＿。

8. 合力矩定理不但适用于平面＿＿＿＿＿＿力系，还适用于＿＿＿＿＿＿的其他力系。

9. 力在坐标轴上的投影与坐标轴同向时取＿＿＿＿号，反向时取＿＿＿＿号。

10. 力使物体绕＿＿＿＿＿＿转时，力矩取“+“号；力使物体绕＿＿＿＿＿＿转时，力矩取“-“号。

11. 平面任意力系向其作用面内任意一点简化的主矢量大小 $F'_R=$＿＿＿＿＿＿。

12. 平面任意力系向其作用面内任意一点简化的主矩为 $M_O=$＿＿＿＿＿＿。

13. 在建立投影平衡方程时，所选的坐标轴应尽可能与较多的未知力＿＿＿＿，最好使每个方程只含＿＿＿＿未知量，以便于求解。

14. 在建立力矩平衡方程时，一般情况下矩心应选在＿＿＿＿＿＿处，以简化计算。

15. 平面任意力系的平衡方程一般有＿＿＿＿式、＿＿＿＿式和＿＿＿＿式三种形式，但不论哪种形式，独立的平衡方程应为＿＿＿个。

16. 当物体系平衡时，不仅作用于物体系的所有外力形成一个＿＿＿＿力系，而且作用于其中任何一个物体上的力系也必定是一个＿＿＿＿力系。

17. 全反力与＿＿＿＿＿＿角称为摩擦角。

18. 静摩擦因数与摩擦角的关系为 $f_s=$＿＿＿＿。

19. 斜面自锁的条件是斜面的倾角＿＿＿＿或＿＿＿＿摩擦角。

二、判断题

1. 力 F 在两相互垂直的坐标轴上的投影与力 F 沿此两坐标轴方向上的分力相同。（　）
2. 力偶矩与矩心位置无关，力矩与矩心位置有关。（　）
3. 力偶对刚体的作用效果只有转动没有移动。（　）
4. 力偶没有合力，所以对物体的作用效果是零。（　）
5. 根据力偶的性质，力偶只能在其作用面内任意移动、转动，但不能移出其作用面。（　）
6. 力的平移定理也可以这样理解：作用在刚体上任意点的力可以向刚体内任意点分解为一个与原力平行的力和一个力偶。（　）
7. 力的平移定理的逆定理也成立，即：作用在同一平面内的一个力和一个力偶可以合成为一个与这个力大小相等、方向相同的力。（　）
8. 平面任意力系向某点简化的理论基础是力的可传性原理。（　）
9. 平面任意力系向其作用面内任意一点简化，得到的主矩大小都与简化中心的位置有关。（　）
10. 在求解静力学问题时，未知量的数目不超过力系独立的平衡方程数目的问题称为静定问题。（　）
11. 在求解静力学问题时，未知量的数目超过力系独立的平衡方程数目的问题称为静不定问题。（　）
12. 在求解平面力系的平衡问题时，写出的力矩方程的矩心一定要取在两投影轴的交点处。（　）
13. 摩擦力的方向总是与物体运动的方向相反。（　）
14. 静摩擦力的大小与接触面的法向压力成正比。（　）
15. 当物体系统平衡时，组成物体系统的各个物体都平衡。（　）

三、单项选择题

1. 图示中的力 F 对 O 点的矩为（　）。

A. $F\sqrt{a^2+b^2}\cos\alpha$　　B. $F\sqrt{a^2+b^2}\sin\alpha$

C. $F\sqrt{a^2+b^2}(\sin\alpha-\cos\alpha)$　　D. $F(b\sin\alpha-a\cos\alpha)$

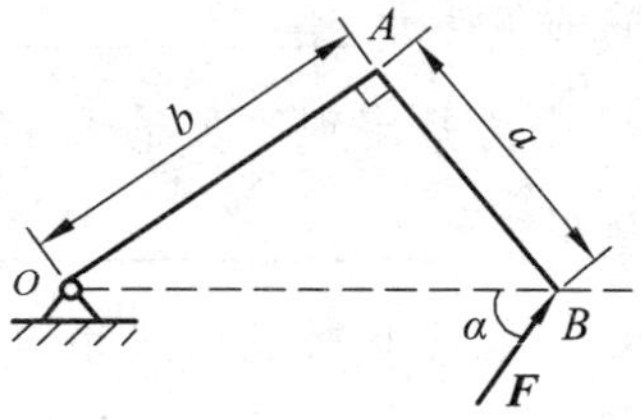

2. 设一平面任意力系向某一点 O 简化得到一力偶；如另选适当的点 O' 为简化中心，力系向该简化中心 O' 简化将得到(　　)。

A. 一个力偶　　B. 一个合力

C. 一个合力和一个力偶　　D. 零

3. 关于平衡力系，以下各种说法正确的是(　　)。

A. 平衡力系在任何轴上投影的代数和都等于零

B. 平衡力系在任何轴上投影的代数和不一定等于零

C. 平衡力系在任何轴上投影的代数和一定不等于零

D. 平衡力系只在两相互垂直的坐标轴上投影代数和才分别等于零

4. 如图所示，物体 A 置于物体 B 上，A 物体的质量为 m，B 物体的质量为 $3m$，A、B 之间及 B 与地面之间的静摩擦因数均为 f_s，要拉动 B 物体，拉力 F_P 的大小至少应为(　　)。

A. $2f_s mg$　　B. $4f_s mg$

C. $5f_s mg$　　D. $6f_s mg$

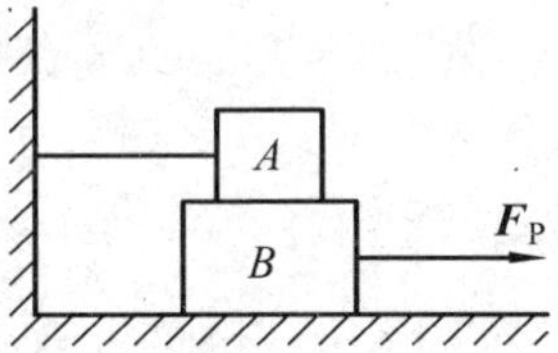

5. 如图所示，A、B 两物体重叠地放在粗糙水平地面上，设 A、B 间的最大静摩擦力为 F_1，B 物体与地面间的最大静摩擦力为 F_2，若欲使 A、B 两物体一起运动，则加在 A 物体上的水平力 F_P 应为(　　)。

A. $F_P < F_1 < F_2$　　B. $F_1 < F_P < F_2$

C. $F_1 > F_P > F_2$　　D. $F_P > F_1 > F_2$

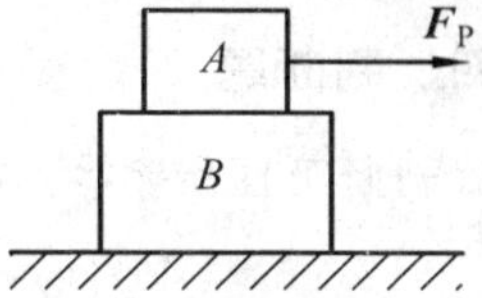

6. 如图所示，重 G 的物体放在地面上，有一主动力 F 作用在摩擦角之外，且 $F=G$，$\alpha=25°$，$\varphi_m=20°$。则此时物体(　　)。

A. 一定移动　　B. 一定转动

C. 静止　　D. 不能判断

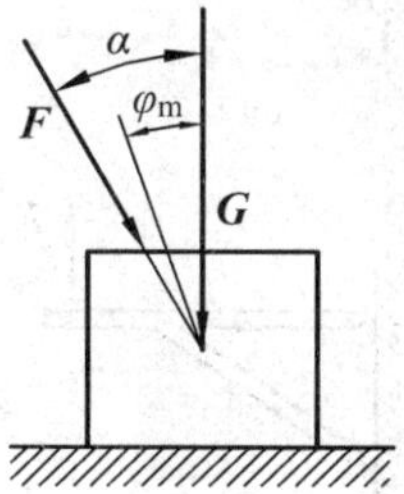

7. 当两个汇交力的大小与其合力大小相等时，则这两个力必须(　　)。

A. 共线同向　　B. 共线反向

C. 夹角 60°　　D. 夹角 120°

8．两个力在同一轴上投影相等，此两力的大小（　　）。

A. 一定相等　　　　B. 一定不相等

C. 不一定相等　　　D. 以上答案均不对

四、判断题

试判断下图所示各结构是静定还是静不定结构。不计各杆自重。

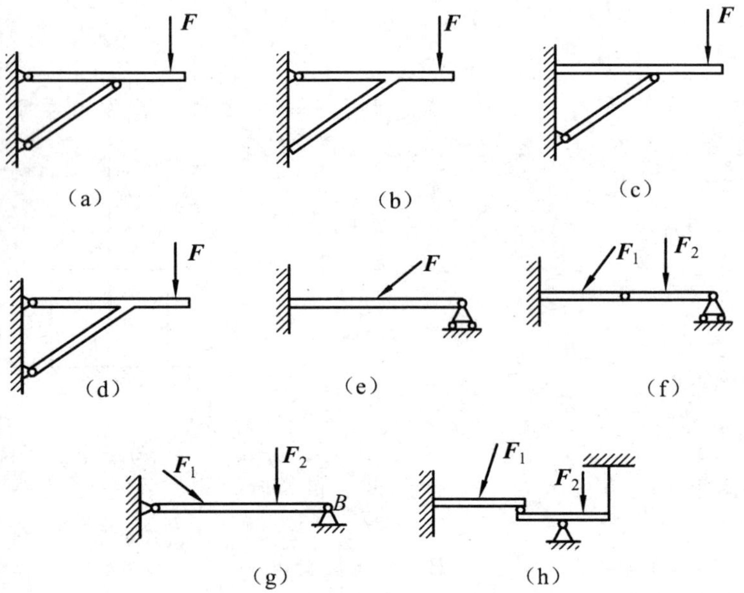

五、分析、计算题

1. 求图中各力在 x、y 坐标轴上的投影。$F_1 = 100$ N，$F_2 = 200$ N，$F_3 = 200$ N，$F_4 = 300$ N。

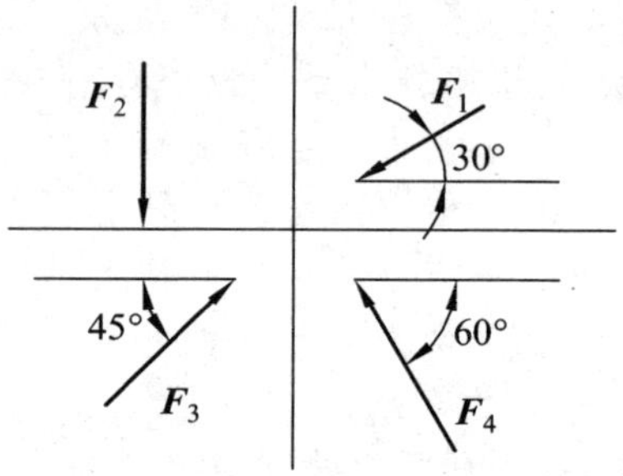

2. A、B 两人拉一压路碾子，如图所示，A 施拉力 $F_A = 400$ N。为使碾子沿相对正前方偏斜 $\theta = 15°$ 方向前进，沿相对正前方斜 60° 方向施力 F_B 偏拉。试求 F_B 的值。

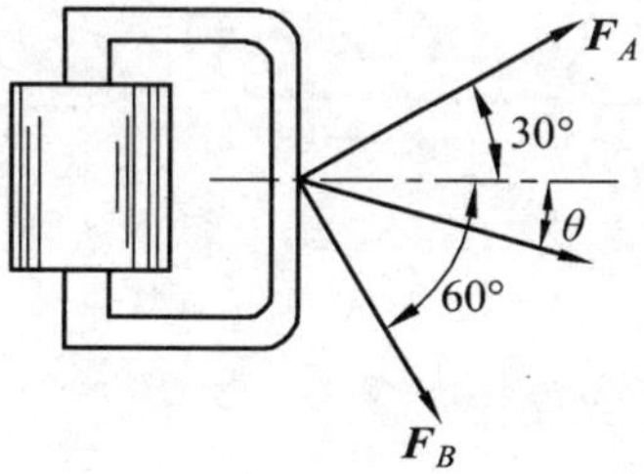

3. 铆接薄钢板在孔 A、B、C、D 处受四个力的作用，孔间尺寸如图所示。已知：$F_1 = 50$ N，$F_2 = 100$ N，$F_3 = 150$ N，$F_4 = 300$ N。求此力系的合力。

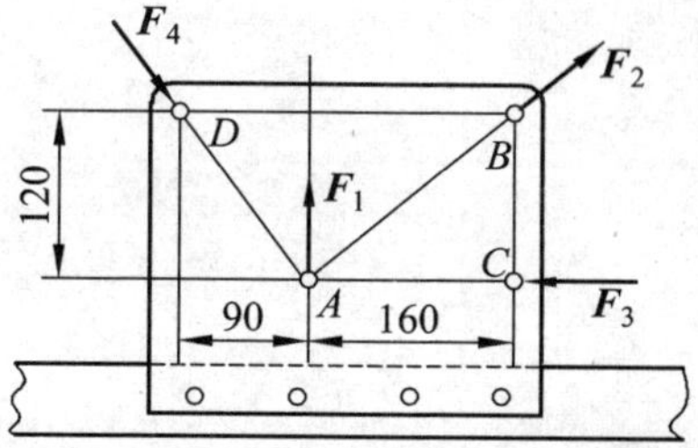

4. 图示四个力组成一平面力系，已知 $F_1=F_2=F_3=F_4$，问力系向 A 点和 B 点简化的结果是什么？两者是否等效？

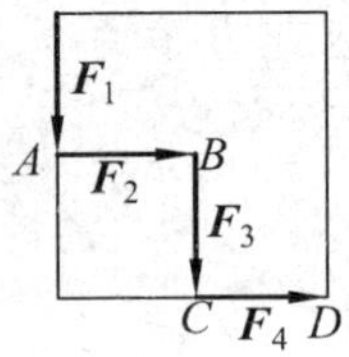

5. 如图所示，绞车臂互成 120°，三臂上 A、B、C 三点作用力均为 F，且 $OA=OB=OC=r$。试分析此三力向绞盘中心 O 点的简化结果。

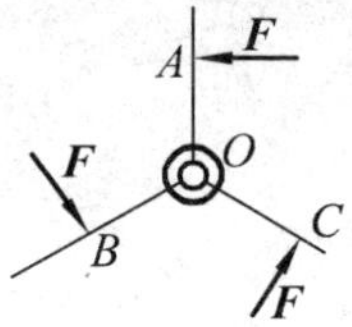

6. 如图所示，吊环上作用有三个力：$F_1 = 300$ N，$F_2 = 100$ N，$F_3 = 400$ N。试求这三个力的合力。

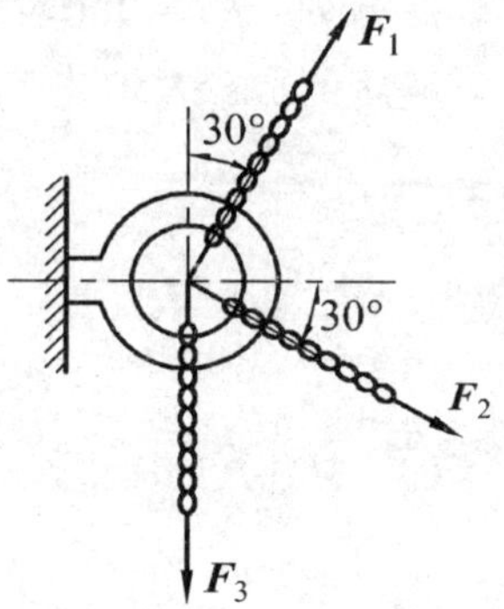

7. 图示平面任意力系由三个力与两个力偶组成。求此力系的合力 F_R，并计算 F_R 的作用线与 x 轴交点的坐标？

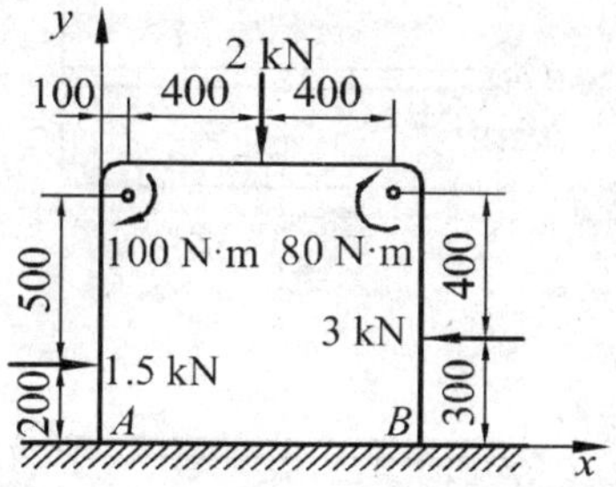

8. 计算图中各力 F 对 O 点的矩。

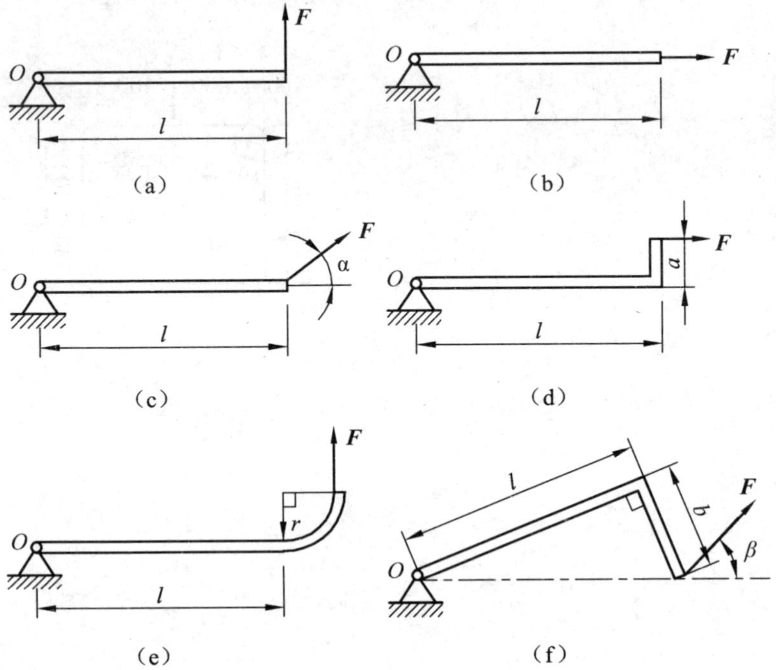

9. 车间内有一矩形钢板，如图所示，边长 $a=4$ m，$b=3$ m。为使钢板转动一角度，顺着长边加两个力。设能够使钢板转动时所需的力 $F=F'=200$ N，试考虑如何加力可使所用的力最小，并求出这个最小力的大小。

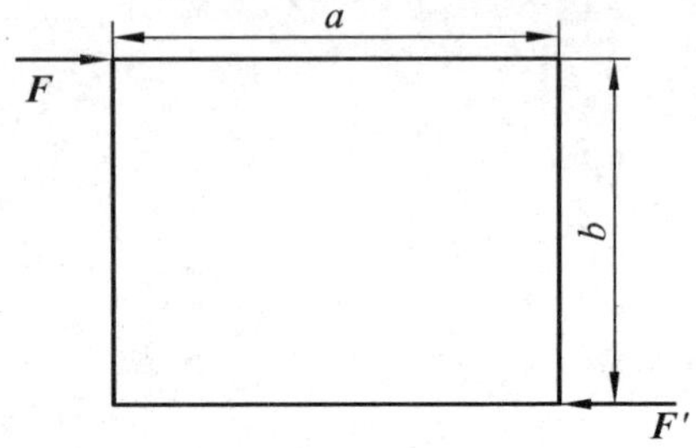

10. 分别计算图中力 F_1、F_2 对铰链 A 的矩。

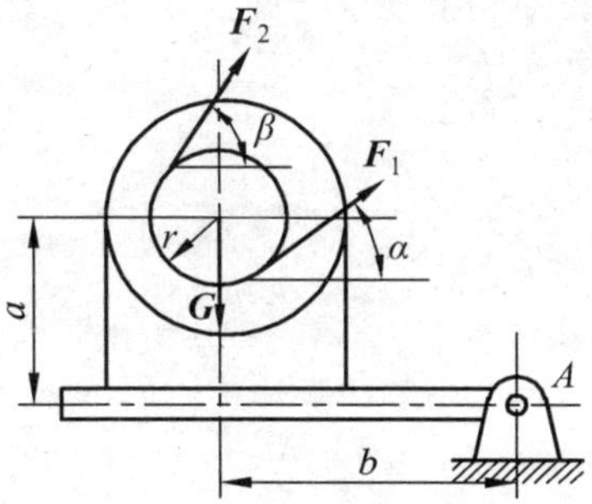

11. 如图所示六面体 $ABCD$，重为 $G = 100$ N，边长 $AB = 60$ cm，$AD = 80$ cm。现将六面体斜放，使其底面与水平面成 $\varphi = 30°$，试求其重力 G 对棱 A 的力矩。又问，当 φ 等于多大时，该力矩等于零？

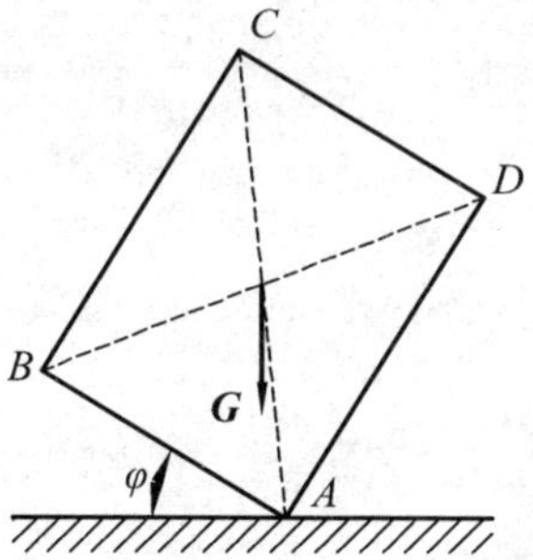

12. 高炉加料小车如图所示，小车及料共重 $G=240$ kN，重心在 C 点，已知 $a=1$ m，$b=1.4$ m，$c=1$ m，$d=1.4$ m，$\alpha=60°$。求钢绳拉力 F_T 及轮 A、B 处所受的约束反力。

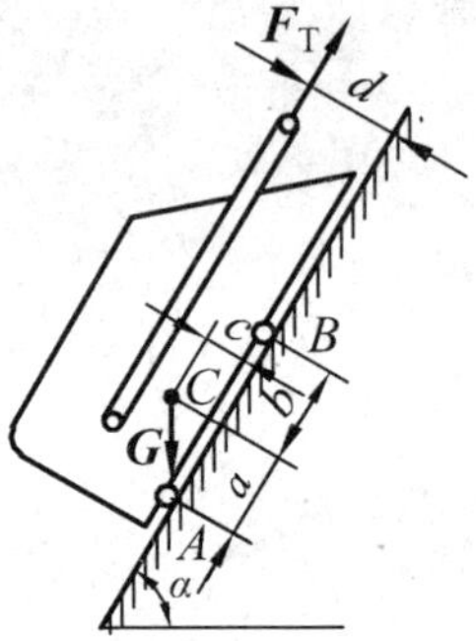

13. 图示水平杆 AD，A 端为固定铰链支座，C 点用绳子系于墙上，已知铅直力 $G=1.2$ kN，不计杆重。求绳子的拉力及铰链 A 的约束反力。

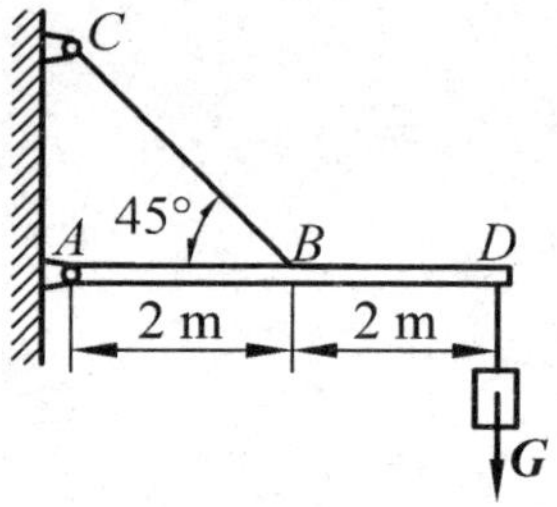

14. 露天厂房立柱的底部是杯形基础。立柱底部用混凝土砂浆与杯形基础固连在一起。已知吊车梁传来的铅直载荷 $F=60$ kN，风载荷 $q=2$ kN/m，又立柱自身重 $G=40$ kN，长度 $a=0.5$ m，$h=10$ m。试求立柱底部的约束反力。

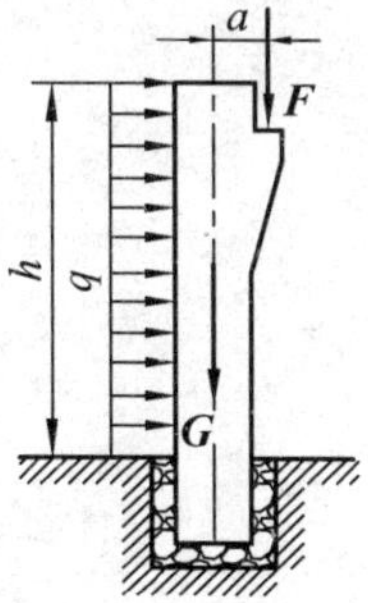

15. 起重机 BAC 上装一滑轮（轮重及尺寸不计）。重 $G=20$ kN 的物体由跨过滑轮的绳子用绞车 D 吊起，A、B、C 处都是铰链。试求当载荷匀速上升时杆 AB 和 AC 所受的力。

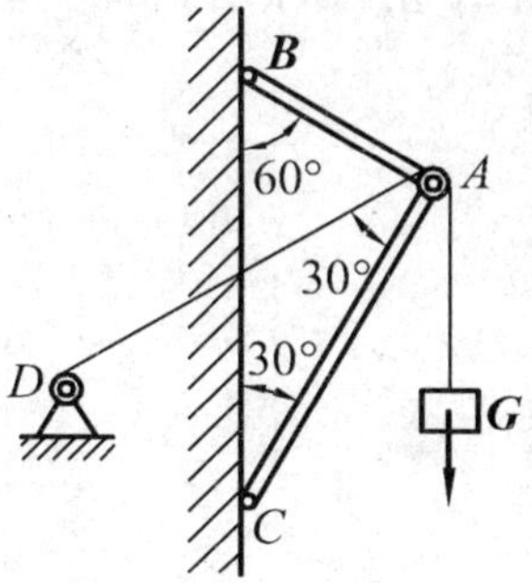

16. 液压式汽车起重机全部固定部分（包括汽车自重）总重 $G_1 = 60$ kN，起重臂部分重 $G_2 = 20$ kN，结构尺寸：$a = 1.4$ m，$b = 0.4$ m，$l_1 = 1.85$ m，$l_2 = 1.4$ m。起重时，如图所示，支起支撑腿 A 与 B。当 $R = 5$ m 时，试求图示位置汽车不致翻倒的最大起重量 G_{max}。

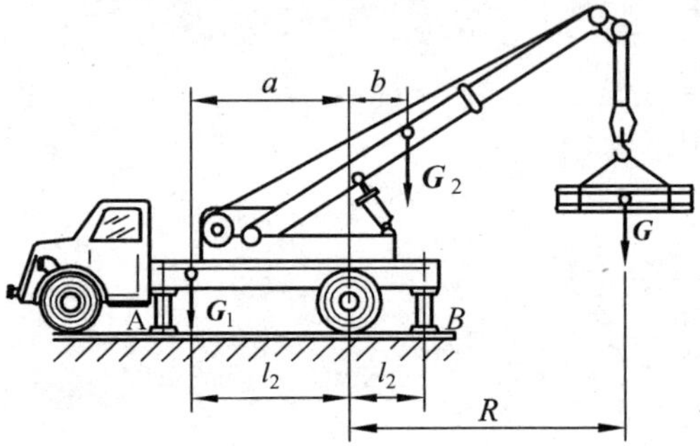

17. 如图所示，水塔总重量 $G = 160$ kN，固定在支架 A、B、C、D 上，A 为固定铰链支座，B 为活动铰链支座，水箱左侧受风载荷为 $q = 16$ kN/m。为保证水塔平衡，试求 A、B 间的最小距离 l。

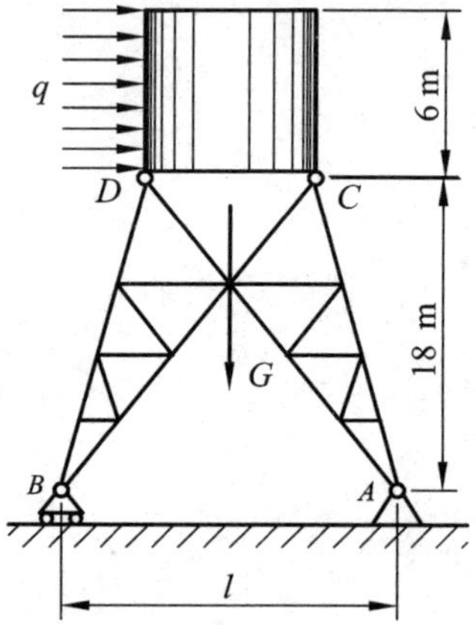

18. 图示起重平台和重物总重 $G=60$ kN，平台装有 A、B、C、D 四只导轮在立柱上移动，并依靠吊索 E 提升。试求平台平衡时，吊索的拉力 F_T 及导轮的约束反力。

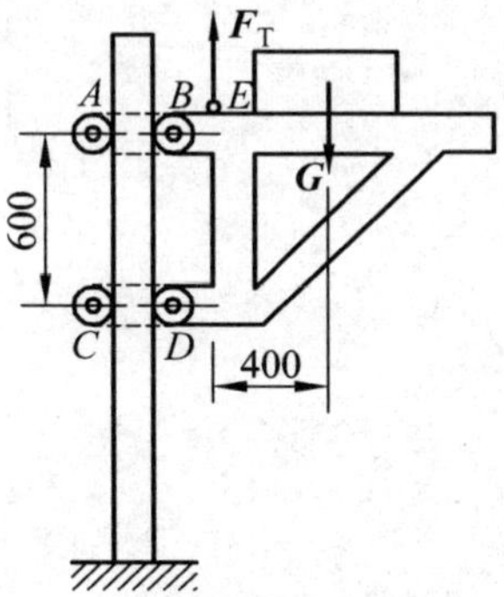

19. 已知 q、a，且 $F=qa$，$M=qa^2$。求图示各梁的支座反力。

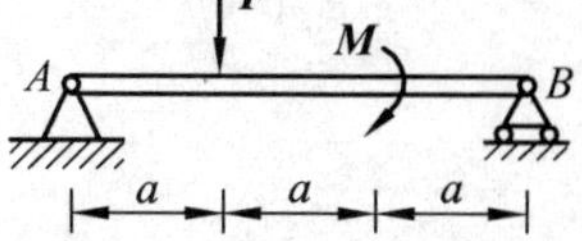

(a)

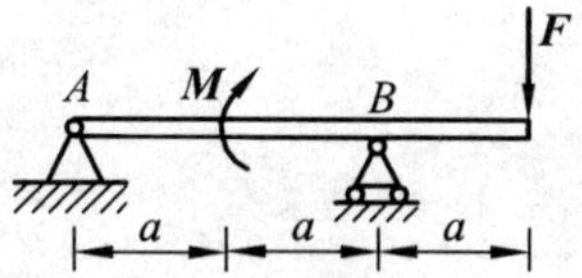

(b)

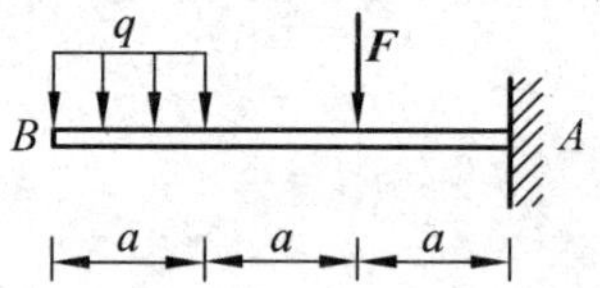

(c)

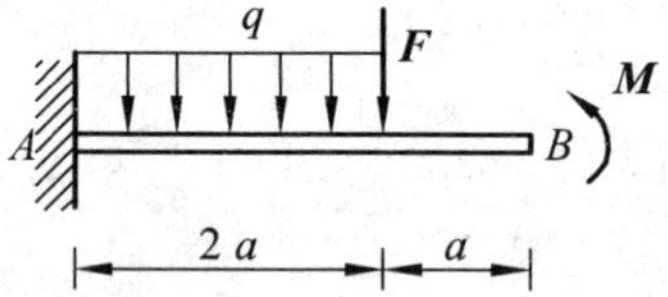

(d)

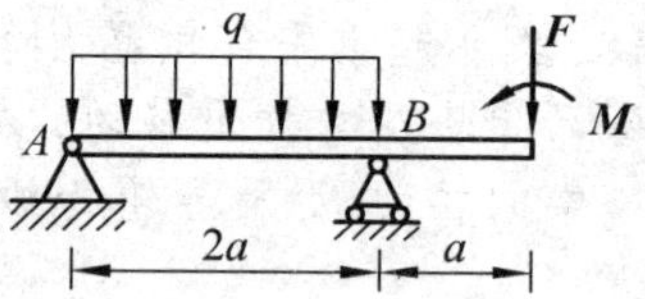

(e)

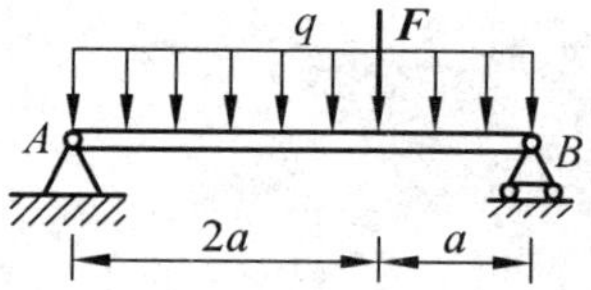

(f)

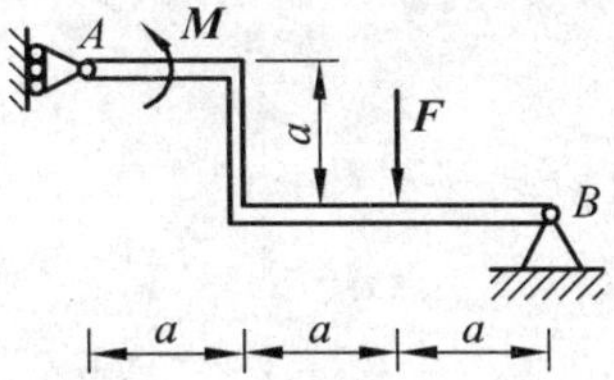

（g）

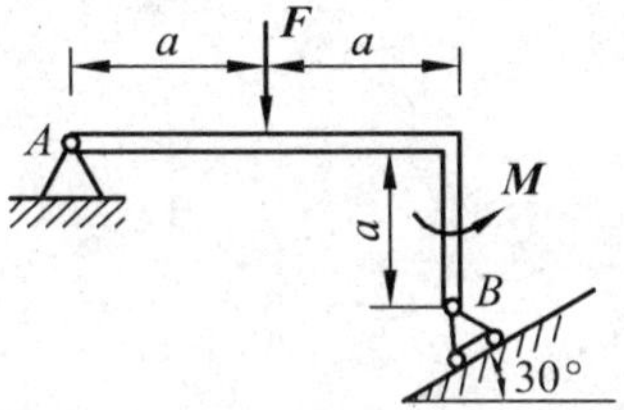

（h）

20. 求图示各组合梁支座 A、B、C、D 处的约束反力。已知 $q = 10\ \text{kN/m}$，$M = 40\ \text{kN} \cdot \text{m}$，$F = 10\ \text{kN}$。（梁自重不计）

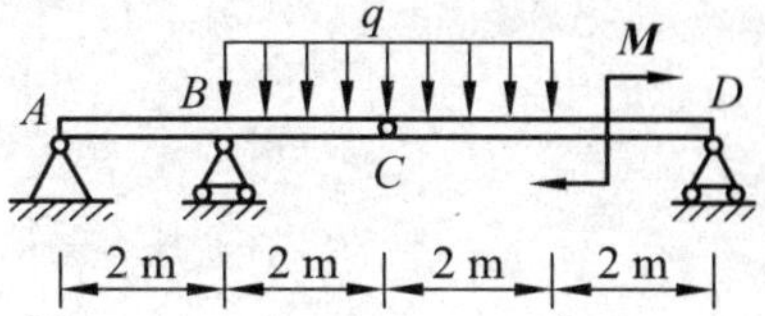

（a）

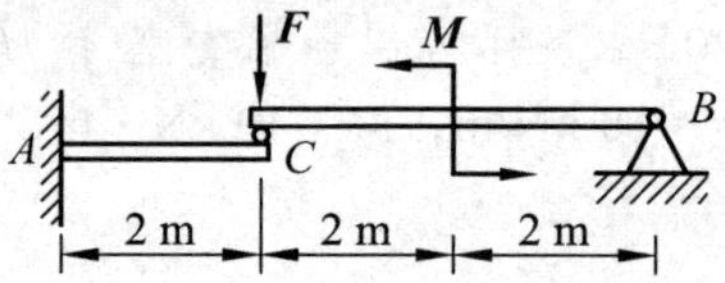

（b）

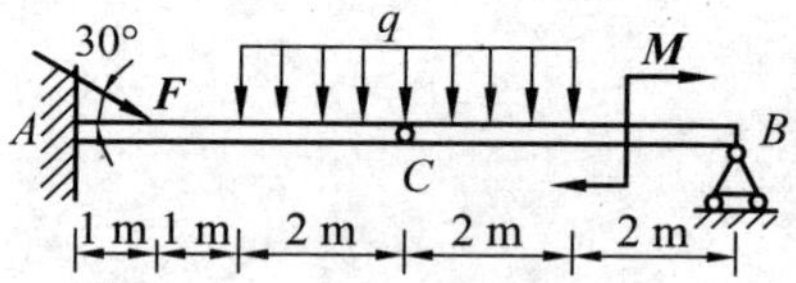

（c）

21. 人字梯由 AB、AC 两杆在 A 点铰接，又在 D、E 两点用水平绳连接；梯子放在光滑水平面上，其一边有一重为 G 的人站立，尺寸如图所示。如不计梯重，求绳的张力、铰链 A 的内力和 B、C 两处的地面反力。

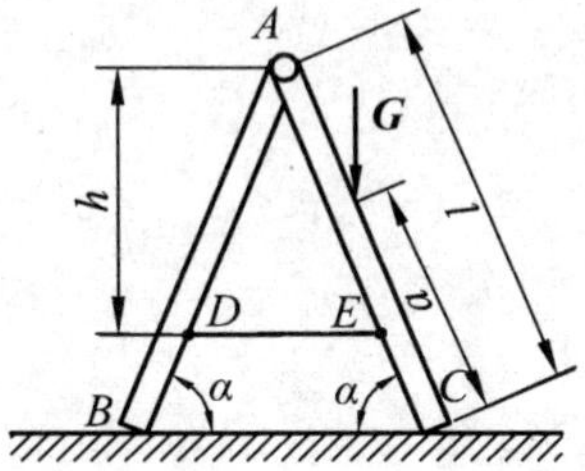

22. 图示三铰拱桥由 AC 和 BC 两部分组成，在 A、B、C 三处均以铰链连接，已知 $F_1 = 10$ kN，$F_2 = 6$ kN。不计拱自重，试求支座 A 和 B 的反力。

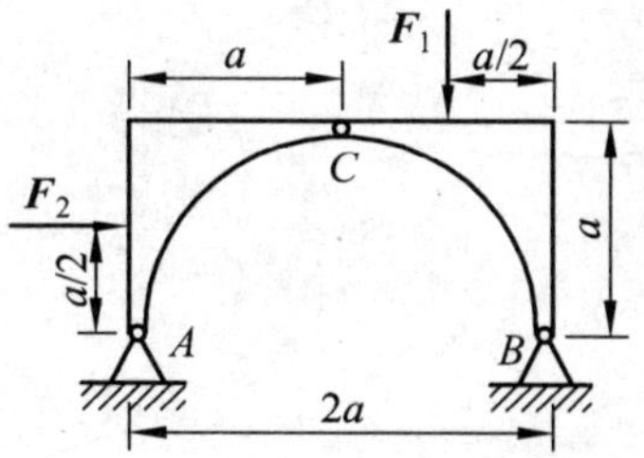

23. 图中 BCE 为车辆台秤的整体台面，杠杆 AOB 可绕 O 轴转动，B、C、D 均为铰接，DC 杆处于水平位置。试求平衡时砝码重量 G_1 与汽车重量 G 的关系。

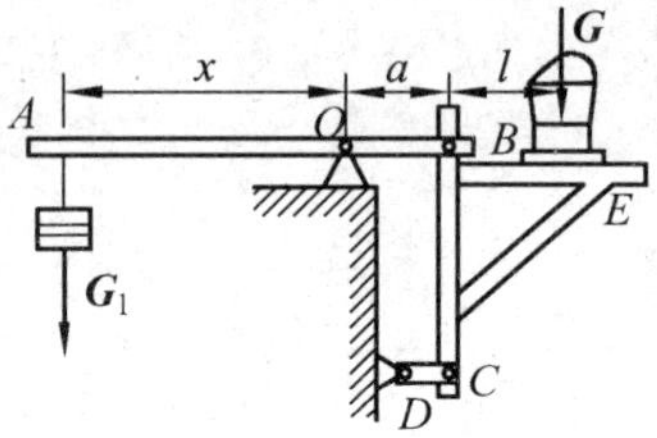

24. 钢筋校直机构如图所示，如在 E 点作用水平力 $F=90$ N，试求在 D 处将产生多大的压力，并求铰链支座 A 处的约束反力。

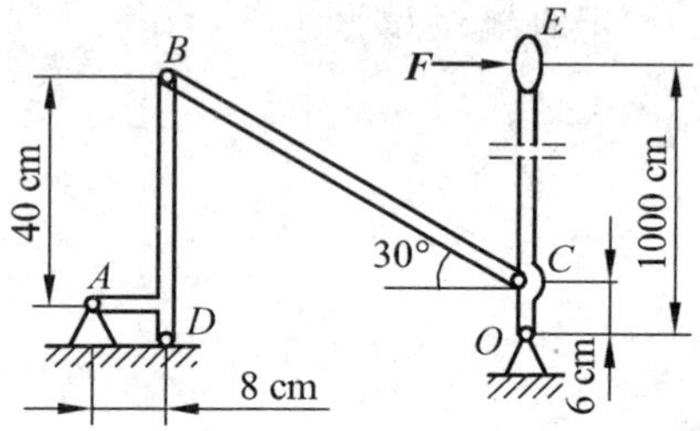

25. 试用节点法求图示桁架结构中各杆的内力。已知 $G=20$ kN，$\alpha=45°$。

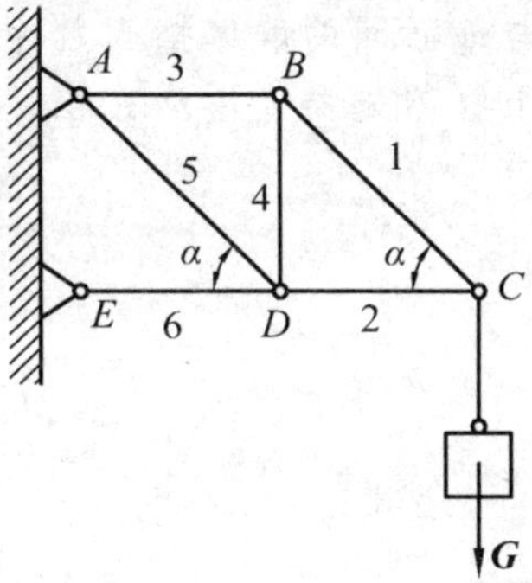

26. 试求图示桁架结构中各杆 6、7、9、10 的内力。已知 $F_1=10$ kN，$F_2=F_3=20$ kN。

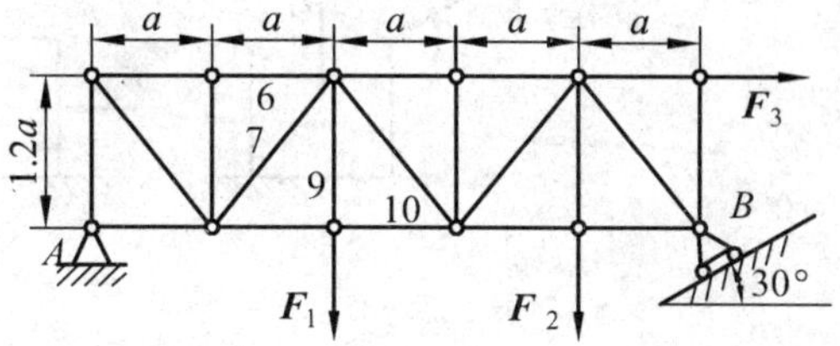

27. 如图所示三种情况中，已知 $G = 200$ N，$F = 100$ N，$\alpha = 30°$，物块与支承面间的静摩擦因数 $f_s = 0.5$。试求哪种情况下物体能运动。

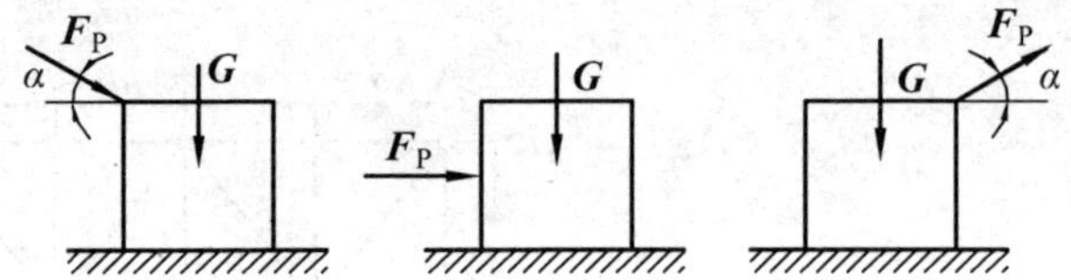

（a）　（b）　（c）

28. 如图所示，一均质长方体自重为 G，受水平力 F 作用，物体与地面间的静摩擦因数为 f_s，当逐渐增大力 F 时，问在什么条件下物体先发生滑动？在什么条件下物体先翻倒？

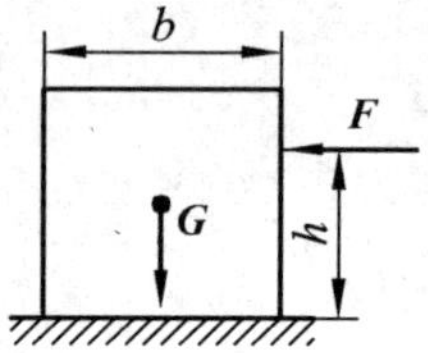

29. 带式输送机的传送带与砂石间的摩擦因数 $f=0.577$，试求传送带的最大倾角 α 为多少？

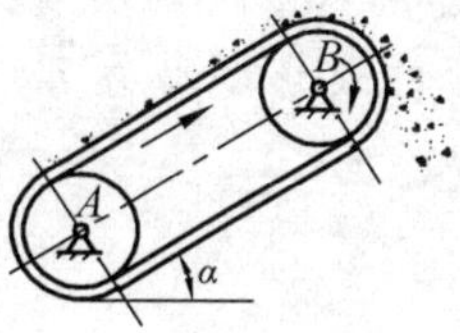

30. 如图所示，长 4 m、重 200 N 的梯子斜靠在光滑的墙上，梯子与地面成 60° 角，梯子与地面的静摩擦因数 $f_s=0.4$。有一重 600 N 的人登梯而上，问他上到何处梯子开始滑倒？

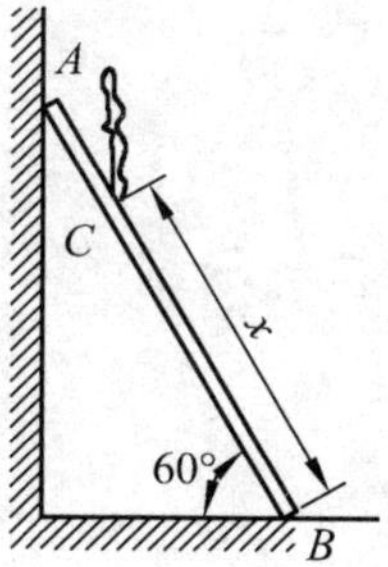

31. 置于 V 形槽中的棒料如图所示。已知棒料与接触面间的摩擦因数 $f=0.2$，棒料重 $G=400$ N，直径 $D=250$ mm。今欲在 V 形槽中转动棒料，试求施加在棒料上的最小力偶矩 M 的值。

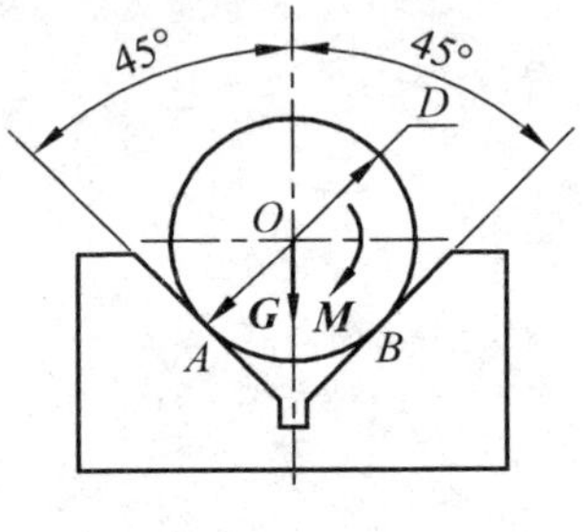

32. 如图所示制动器构造尺寸，已知制动块与制动轮间的摩擦因数 $f=0.3$，制动块大小不计，重物 $G=500$ N。试求保证重物不落的最小制动力 F。

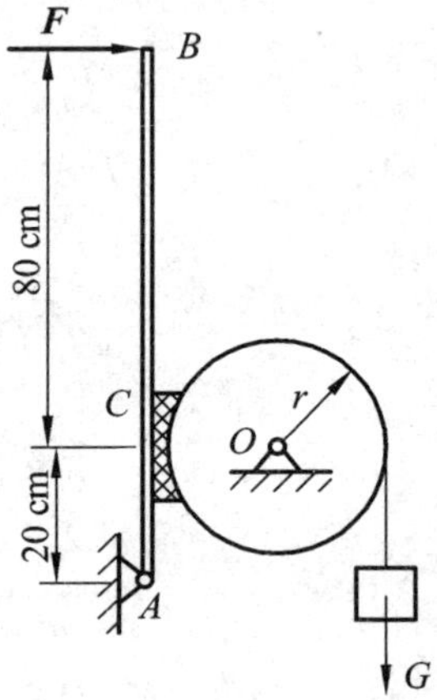

33. 重 $G_1 = 210\ \text{N}$ 的轮子，放在直角固定面上，如图所示。轮子半径 $R = 20\ \text{cm}$，在半径 $r = 10\ \text{cm}$ 的轮轴上挂一重 G_2 的物体，接触处的摩擦因数均为 $f_s = 0.25$。求轮子保持平衡时物重 G_2 的最大值。

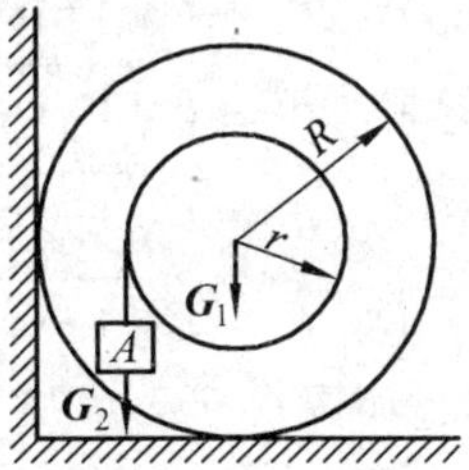

34. 重 G 的圆球夹在曲杆 ABC 与墙壁之间，若圆球的半径为 r，圆心比较 A 低 h，球与杆及球与墙的静摩擦因数均为 f_s。试求维持圆球不滑下所需力 F_P 的最小值。

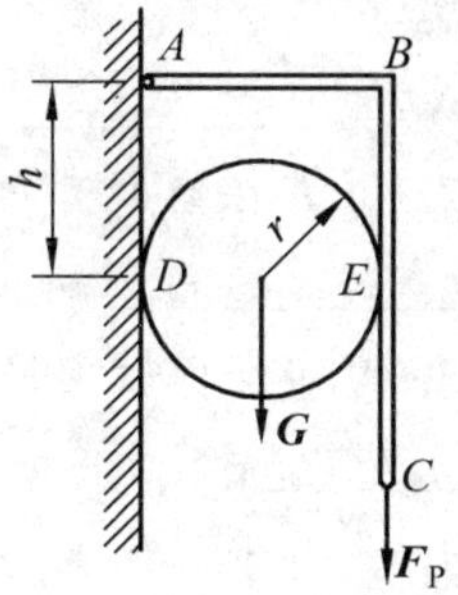

一、填空题

1. 若作用于刚体上的各个力的作用线＿＿＿＿＿＿＿＿时，这种力系称为空间力系；空间力系一般可分为＿＿＿＿＿＿＿＿＿力系、＿＿＿＿＿＿＿＿＿力系、＿＿＿＿＿＿＿＿＿力系三种。

2. 力 F 在空间直角坐标轴上的投影一般有＿＿＿＿＿＿＿＿＿和＿＿＿＿＿＿＿两种方法。

3. 力在坐标轴上的投影是＿＿＿＿＿量，而力在平面上的投影是＿＿＿＿量。

4. 作用于刚体上的一空间力 F，在空间直角坐标轴的投影 $F_x=0$，则力 F 的作用线与 x 轴＿＿＿＿，与 yz 坐标平面＿＿＿＿。

5. 当空间力系平衡时，它在任何平面上的投影力系（平面任意力系）也＿＿＿＿。因此可以将一空间力系向三个坐标平面投影，通过三个＿＿＿＿＿＿＿＿力系来进行计算。

二、判断题

1. 若一空间力与某轴在同一平面内，则此力对该轴之矩等于零。（　　）

2. 如果一空间力对空间直角坐标轴之矩 $M_x(F)=0$，则此力一定通过 x 轴。（　　）

3. 空间任意力系向三个相互垂直的坐标平面投影可得三个平面力系，每个平面力系可有三个平衡方程，故共可以解 9 个未知量。（　　）

三、单项选择题

1. 若已知力 F 与 x 轴的夹角为 α、与 y 轴的夹角为 β，以及力 F 的大小，则力 F 在 z 轴上的投影大小（　　）。

A. $F_z=F\sqrt{1-\cos^2\alpha}$

B. $F_z=F\sqrt{1-\cos^2\beta}$

C. $F_z=F\sqrt{1-(\cos^2\alpha+\cos^2\beta)}$

D. $F_z=F\sqrt{1-(\cos^2\alpha-\cos^2\beta)}$

2. 如图所示，力 F 作用在 $OABC$ 平面内，则力 F 对 x、y、z 轴之矩以下结论正确的是（　　）。

A. $M_x(\boldsymbol{F})\neq 0$，$M_y(\boldsymbol{F})=0$，$M_z(\boldsymbol{F})=0$

B. $M_x(\boldsymbol{F})=0$，$M_y(\boldsymbol{F})\neq 0$，$M_z(\boldsymbol{F})=0$

C. $M_x(\boldsymbol{F})=0$，$M_y(\boldsymbol{F})=0$，$M_z(\boldsymbol{F})\neq 0$

D. $M_x(\boldsymbol{F})\neq 0$，$M_y(\boldsymbol{F})\neq 0$，$M_z(\boldsymbol{F})=0$

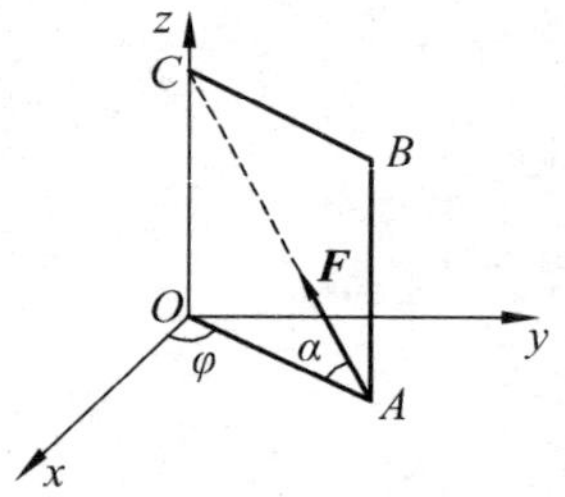

四、计算题

1. 长方体的顶角 A 和 B 处分别有力 F_1 和 F_2 的作用。已知 $F_1=500\ \mathrm{N}$，$F_2=700\ \mathrm{N}$。试求二力在 x、y、z 三轴上的投影。

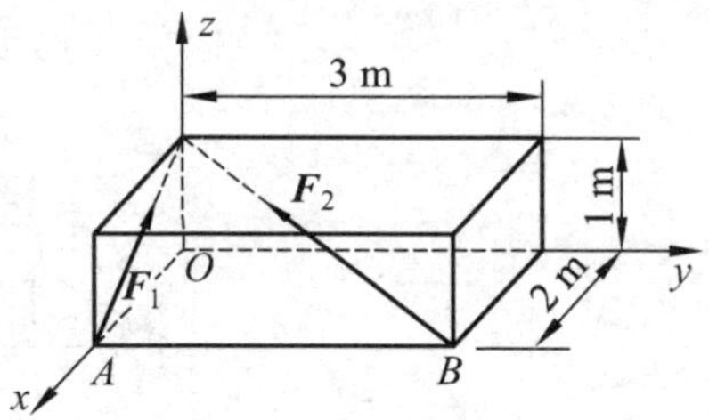

2. 图示水平轮上 A 处有一力 $F=1\ \mathrm{kN}$ 作用，F 在铅直平面内，其作用线与过 A 点的切线成夹角 $\alpha=60°$，O_1A 与 y 轴的夹角 $\beta=45°$，$h=r=1\ \mathrm{m}$。试计算力 F 在三个坐标轴上的投影及对三个坐标轴之矩。

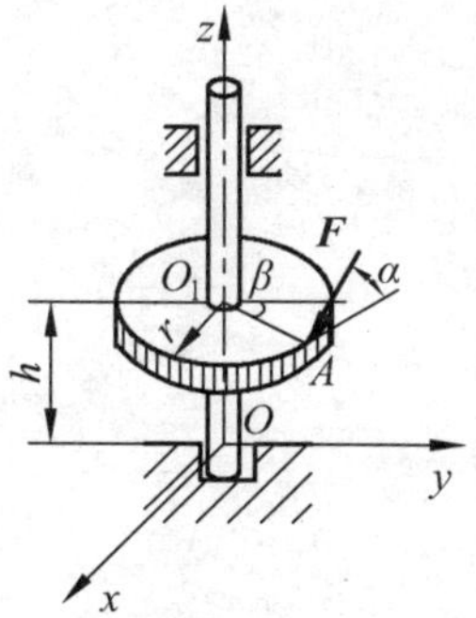

3. 图示长方体上作用着两个力 F_1、F_2。已知 $F_1 = 100$ N，$F_2 = 10\sqrt{5}$ N，$b = 0.3$ m，$c = 0.4$ m，$d = 0.2$ m，$e = 0.1$ m，试分别计算 F_1 和 F_2 在三个坐标轴上的投影及对三个坐标轴之矩。

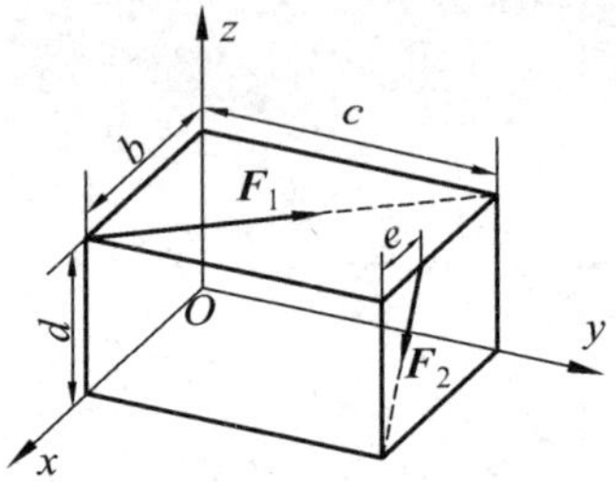

4. 如图所示，变速箱中间轴上有两个齿轮，其分度圆半径 $r_1 = 100$ mm，$r_2 = 72$ mm，啮合点分别在两齿轮的最低与最高位置。齿轮压力角 $\alpha = 20°$，在大齿轮上作用的啮合力 $F_1 = 1.6$ kN，试求当轴平衡时，作用在小齿轮上的啮合力 F_2 及 A、B 两处轴承的反力。

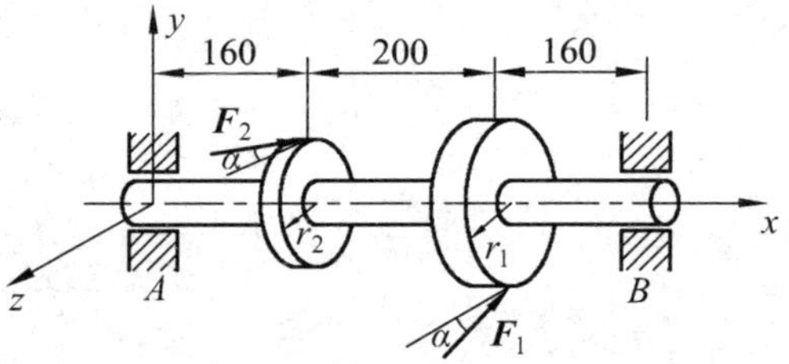

5. 某传动轴上安装有两个皮带轮，直径均为 $D=200$ mm，皮带的拉力 $F_{T1}=10$ kN，$F_{T2}=4$ kN。其中轮 E 皮带位于水平位置，轮 C 皮带位于铅垂位置。试求平衡时轴承 A、B 处的约束反力。

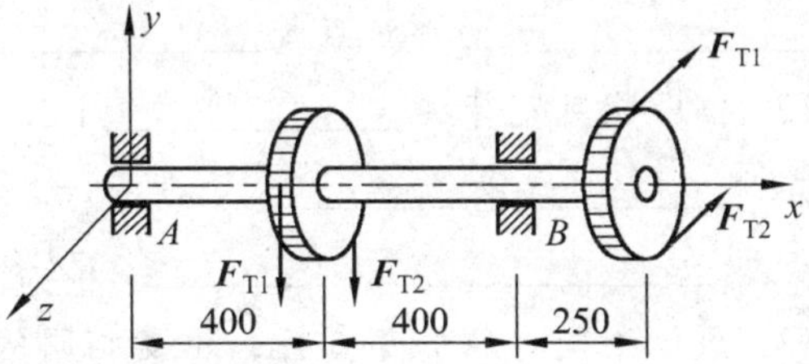

6. 电机通过皮带轮提升重量为 G 的重物，如图所示。皮带与水平线成30°角，鼓轮半径 $r=10$ cm，大带轮半径 $R=20$ cm。已知 $G=10$ kN，皮带紧边与松边拉力之比 $F_{T1}=2F_{T2}$，尺寸如图。求平衡时径向轴承 A、B 的约束反力。

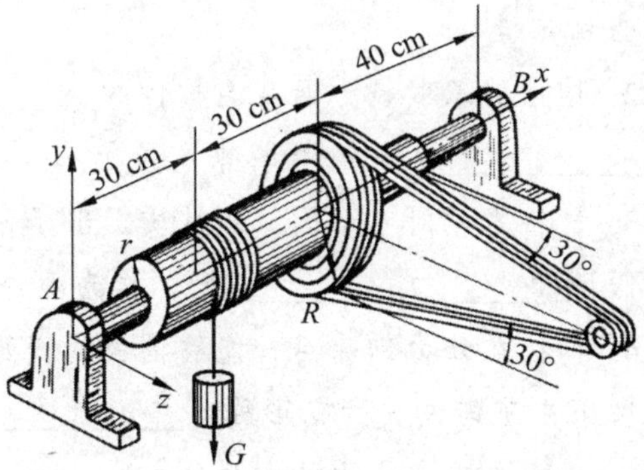

一、填空题

1. 构件抵抗________的能力称为强度；构件抵抗________的能力称为刚度；构件保持________________的能力称为稳定性。

2. 构件的承载能力通常由构件的________、________和________三个指标来衡量。

3. 材料力学对变形固体的性质提出了两个基本假设，即________假设和________假设，作为理论分析的基础。

4. 构件在外力卸除后，能够消失的变形称为________，残留下来不能消失的变形称为________。

5. 揭示与确定内力的方法是________；该方法简单概括主要分为________、________、________三步。

6. 应力是单位面积上的________，其大小表示内力在截面上某点处的________________。

7. ________________称为正应力；________________称为切应力。

8. 1 GPa＝_____Pa＝_____N/m^2＝ _____N/mm^2＝______MPa。

9. ________________称为线应变；________________称为切应变。它们是反映杆件________________两个基本量。

10. 胡克定律的适用范围是________________；它揭示了________________________关系。

11. 轴向拉伸和压缩杆件的受力特点是________________；变形特点是________________。

12. 拉压胡克定律在________条件下才能使用，其定律表达式为________或________。其中 E 称为________，表示________________；EA 称为________。

13. 两根不同材料的等直杆，承受相同的轴力，且它们的横截面面积及长度都相等，则两根杆横截面上的应力______等，两根杆的强度______等，两根杆的绝对变形______等。

14. 在其他条件不变的情况下，轴向拉伸杆件的直径增大一倍，横截面上的正应力将减少________，纵向线应变将减少______，绝对变形将减少______。

15. 指出下列符号的名称：σ_e________；σ_s________；σ_b________；γ________；δ________；σ^0________；ε________；n________。

16. 合理选择安全系数是解决________和________矛盾的关键。

二、判断题

1. 只有肉眼看不到的变形才是小变形。（　　）
2. 内力和外力这两个概念在静力学和材料力学中的含义是相同的。（　　）
3. 一般情况下应力是对点而言的，内力是对截面而言的。（　　）
4. 由胡克定律可知，在弹性范围内，杆件截面上某点的受力程度愈大其变形程度也愈大。（　　）
5. *EA* 表示材料抵抗拉伸或压缩变形的能力。（　　）
6. 两根拉杆轴力相等，横截面面积相等，但形状不同，杆件的材料不同，则它们的许用应力相等。（　　）
7. 脆性材料的压缩强度极限比拉伸强度极限高出许多，因此，脆性材料适用于受压构件，而不适用于受拉构件。（　　）
8. 温度应力是构件在一定温度下测得的应力。（　　）

三、单项选择题

1. 下列说法正确的是：（　　）。
   A. 材料力学主要研究各种材料的力学问题
   B. 材料力学主要研究各种材料的力学性质
   C. 材料力学主要研究各类杆件中力与材料的关系
   D. 材料力学主要研究杆件受力后变形与破坏的规律
2. 下列材料中，不属于各向同性材料的是：（　　）。
   A. 钢材　B. 塑料　C. 浇注很好的混凝土　D. 木材
3. 研究构件或其中一部分的平衡问题时，采用构件变形前的原始尺寸进行计算，这是因为采用了（　　）。
   A. 变形固体的基本假设　B. 均匀连续假设
   C. 各向同性假设　D. 小变形假设
4. 下列说法正确的是：（　　）。
   A. 应力分为三种，即正应力、负应力和切应力
   B. 同一截面上，正应力与切应力必相互垂直
   C. 同一截面上的正应力必定大小相等，方向相同
   D. 同一截面上的切应力必相互平行
5. 下列说法正确的是：（　　）。
   A. 截面法是分析变形的基本方法
   B. 截面法是显示和计算内力的基本方法
   C. 截面法是分析应力的基本方法
   D. 截面法是分析内力与应力关系的基本方法
6. 低碳钢的极限应力是（　　）。
   A. σ_e　B. σ_p
   C. σ_b　D. σ_s

7. 材料力学中的内力是指：(　　)。

A. 构件内部的力

B. 构件内部各质点间固有的相互作用力

C. 构件内部一部分与另一部分之间的相互作用力

D. 在外力作用下，构件内部一部分与另一部分之间相互作用力的改变量

8. 材料相同、横截面面积相等的两根轴向拉伸的等直杆，一根杆伸长量为 10 mm，另一根杆伸长量为 0.1 mm。则下列结论中正确的是：(　　)。

A. 前者为大变形，后者为小变形　　B. 两者都为大变形

D. 不能判断其变形程度的大小　　C. 两者都为小变形

9. 下列各图所示的构件中，*AB* 段属于轴向拉伸或压缩的是(　　)。

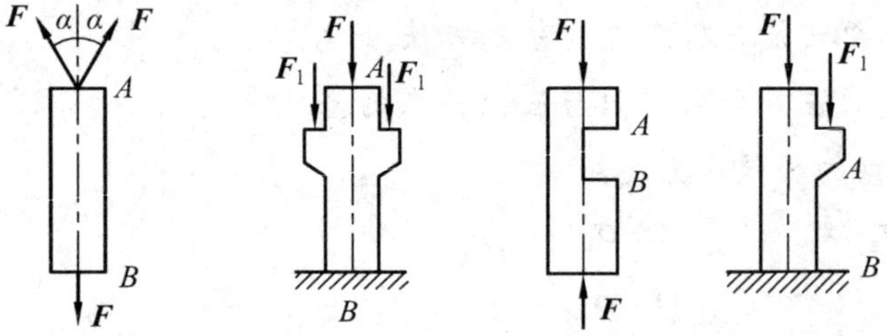

(A)　　(B)　　(C)　　(D)

10. 根据图示三种不同材料的 σ - ε 曲线，按强度大小排列为：(　　)。

A. ① > ② > ③　　B. ③ > ② > ①

C. ② > ① > ③　　D. ③ > ① > ②

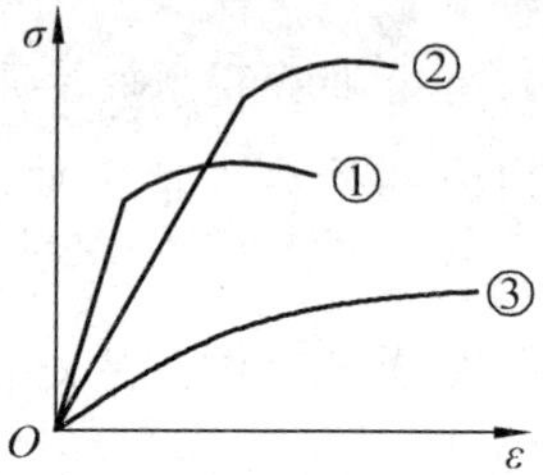

11. 一根钢丝和一根铜丝的长度相等，且受相同的拉力，已知钢的弹性模量 $E_1 = 400$ GPa，铜的弹性模量 $E_2 = 100$ GPa，若铜丝的直径为 1 mm，欲使两根金属丝的伸长量相等，则钢丝的直径为(　　)。

A. 0.25 mm　　B. 1 mm　　C. 0.5 mm　　D. 2 mm

12. 杆件 *AB* 在铅直平面内绕 *A* 端做匀速转动，角速度为 ω，*B* 端连接一重量为 *G* 的物体，则：(1) *B* 点在(　　)位置时，有最大拉应力；(2) 此时轴力为(　　)。(*AB* 杆质量不计)

(1) A. 最高　　B. 最低

C. 最左　　D. 最右

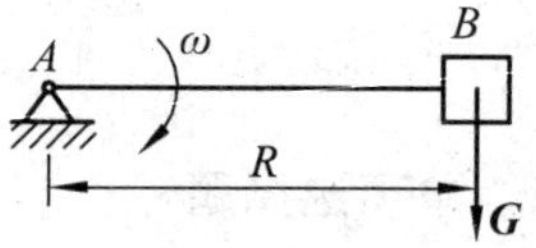

(2) A. G　　B. 2G

C. $G+\dfrac{G\omega^2}{gR}$　　D. $G+\dfrac{G}{g}R\omega^2$

13. 材料的许用应力 $[\sigma]$ 是保证构件安全工作的（　　）。

A. 最高工作应力　　B. 最低工作应力

C. 平均工作应力　　D. 最低破坏应力

14. 构件的最大工作应力 σ_{max}、材料的极限应力 σ^0 及许用应力 $[\sigma]$ 之间的关系是（　　）

A. $\sigma^0 \geqslant [\sigma] > \sigma_{max}$　　B. $\sigma^0 > [\sigma] \geqslant \sigma_{max}$

C. $\sigma^0 \leqslant \sigma_{max} \leqslant [\sigma]$　　D. $\sigma^0 = \sigma_{max} \leqslant [\sigma]$

15. 钢板上有三个圆孔，其受力如图所示，其中最大正应力所在截面是（　　）。

A．A—A

B．B—B

B．C—C

D．D—D

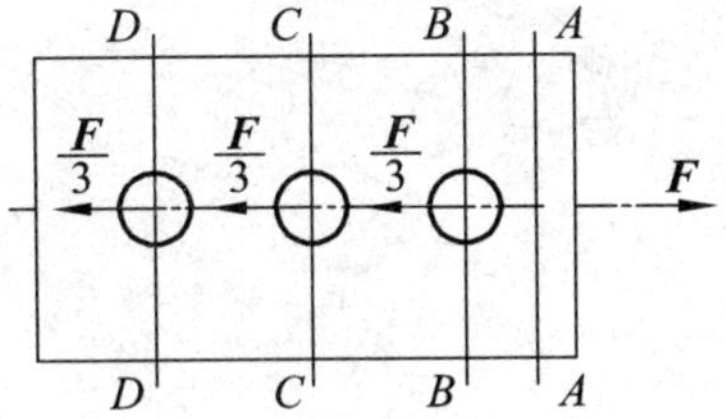

四、计算题

1. 试求图示各杆 1—1、2—2、3—3 截面上的轴力，并作轴力图。

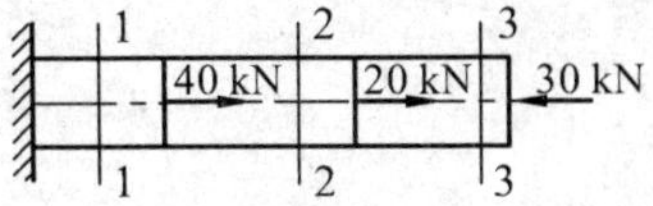

（a）

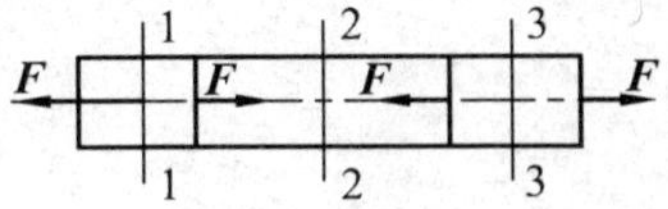

（b）

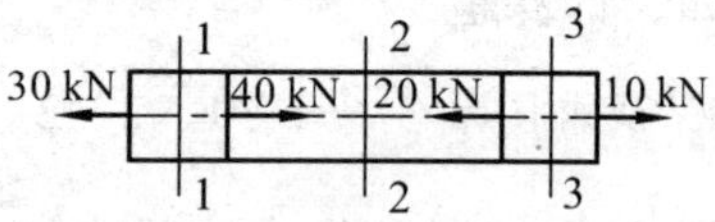

（c）

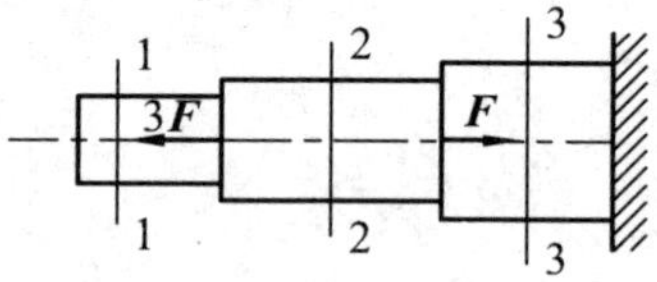

（d）

2. 试求图示构件中指定截面上的应力。其各段截面面积分别是：$A_1 = 100\ \text{mm}^2$，$A_2 = 150\ \text{mm}^2$，$A_3 = 250\ \text{mm}^2$。

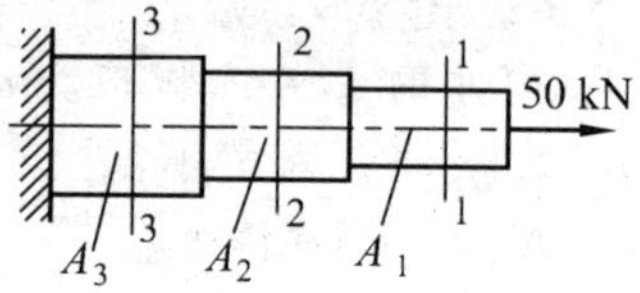

（a）

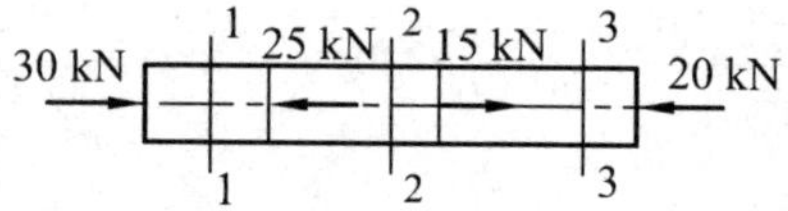

（b）

3. 如图所示支架，杆 AB 为圆钢，直径 $d = 20$ mm，杆 BC 为正方形横截面的型钢，边长 $a = 15$ mm，在铰接点 B 承受 $F = 20$ kN 的力作用。若不计 AB、BC 杆自重，试求杆 AB 和杆 BC 横截面上的正应力。

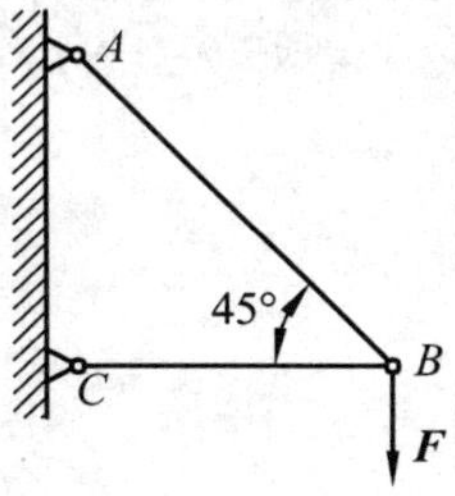

4. 如图所示，在圆杆上钻有一通孔。已知圆杆直径 $D = 20$ mm，孔径 $d = 5$ mm，受拉力 $F = 15$ kN 作用。试求横截面 1—1 和 2—2 上的平均应力。

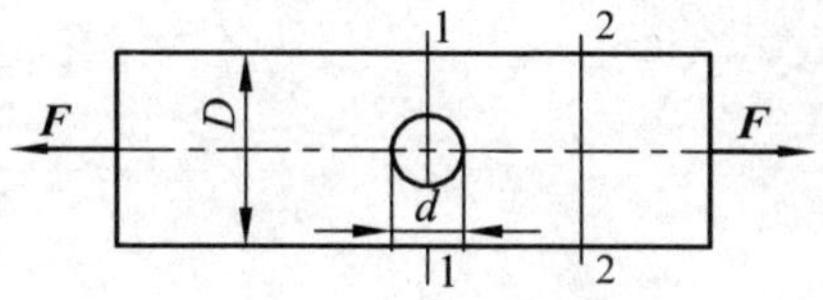

5. 直径为 6 cm 的等直杆，受 250 kN 的拉力。试求与横截面成 30° 角的斜截面上的正应力和切应力，并求正应力和切应力的最大值。

6. 直杆的受力如图所示，它们的横截面面积为 A_1、A_2 且 $A_1=\frac{1}{2}A_2$，长度为 l，材料的弹性模量为 E，载荷为 F。试绘制轴力图，并求：

(1) 各段横截面上的正应力；

(2) 最大的切应力；

(3) 绝对变形 Δl。

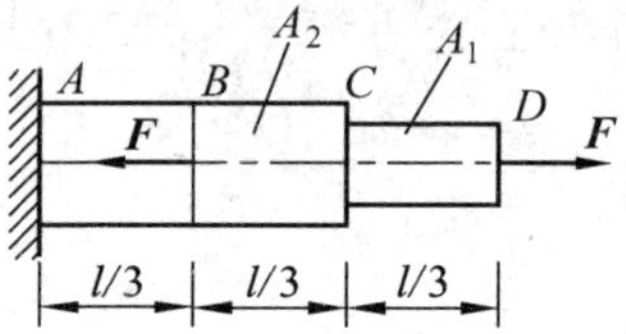

(a)

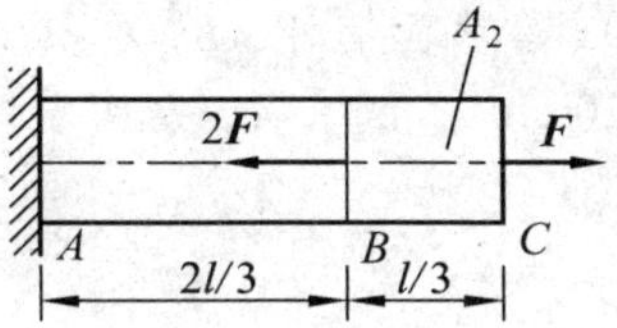

（b）

7. 变截面杆 AC，在 A、B 两处各受到轴向外力的作用。已知 $E=200$ GPa。（1）画出 AC 杆的轴力图；（2）求各段横截面上的正应力；（3）求该杆总的绝对变形。

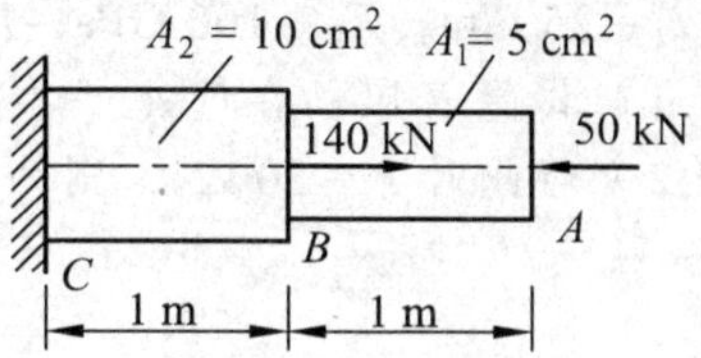

8. 图示结构中，AB 杆的变形和自重都略去不计。杆 1 为钢杆，$l_1 = 1.5$ m，$d_1 = 20$ mm，$E_1 = 200$ GPa；杆 2 为铜杆，$l_2 = 1$ m，$d_2 = 25$ mm，$E_2 = 100$ GPa；$l = 2$ m。试问：

（1）载荷 F 应加在何处，才能保持 AB 杆仍为水平位置？

（2）若此时 $F = 30$ kN，则两杆横截面上的应力各为多少？

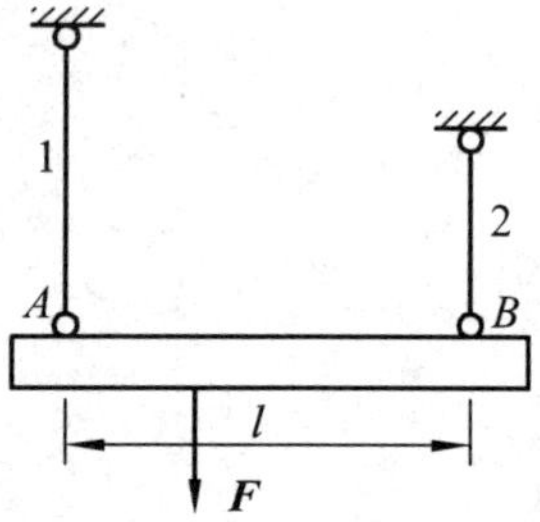

9. 等截面钢杆 AB，在其 C 截面处加力 $F = 100$ kN。截面面积 $A = 20\ \text{cm}^2$。试求 A、B 两端的约束反力及杆内各段的正应力。

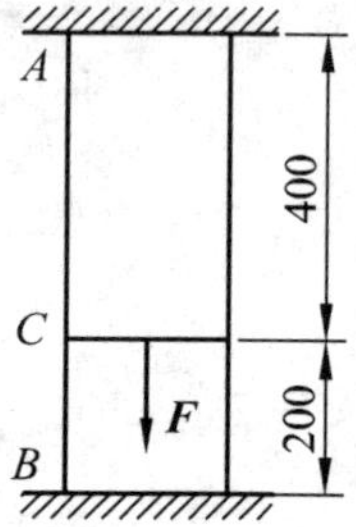

10. 在图示结构中，杆 AB 为一刚体，链杆 CD、EF 的长度相等，横截面面积均为 A。若在刚杆的 B 端作用有载荷 $F = 50$ kN，试求链杆 CD 和 EF 中的轴力。

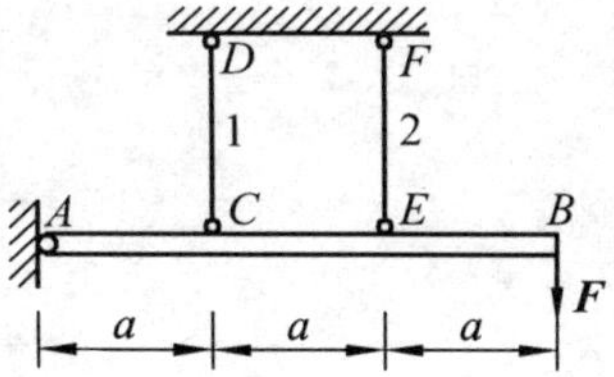

11. 图示吊环螺钉用 Q235 钢制成，其屈服极限 $\sigma_s = 235$ MPa，螺纹小径 $d_1 = 42.8$ mm，吊环的额定载荷 $F = 50$ kN。试计算螺钉的实际安全系数（假定环的强度足够）。

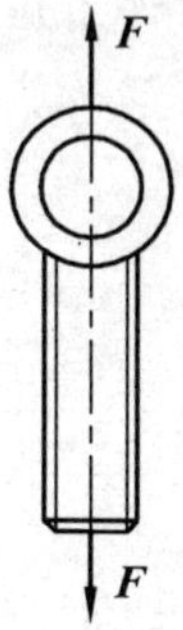

12. 车辆制动缸的活塞杆如图所示，制动时空气压力 p = 1.2 MPa。已知活塞直径 D = 40 cm，活塞杆直径 d = 6 cm，材料的许用应力[σ] = 50 MPa。试校核活塞杆的强度。

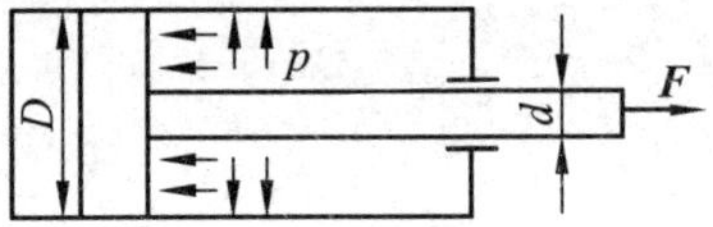

13. 汽缸盖与缸体用六个螺栓连接。已知气缸内径 D = 350 mm，气压 p = 1 MPa。若螺栓材料的许用应力[σ] = 40 MPa，试求螺栓的小径。

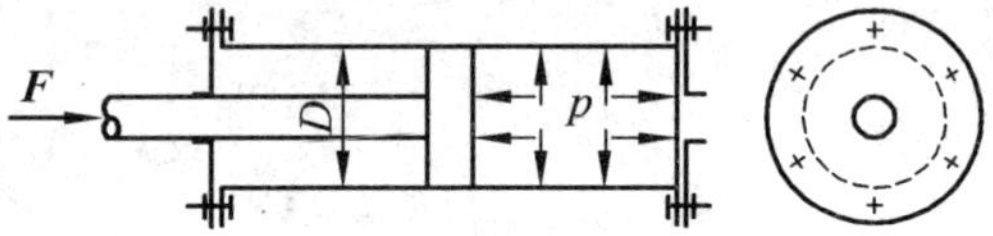

14. 在图示结构中，假设 AB 杆为刚体，CD 杆的截面面积 $A=5\ \text{cm}^2$，材料的许用应力$[\sigma]=160\ \text{MPa}$。试求 B 点能承受的最大载荷 F。

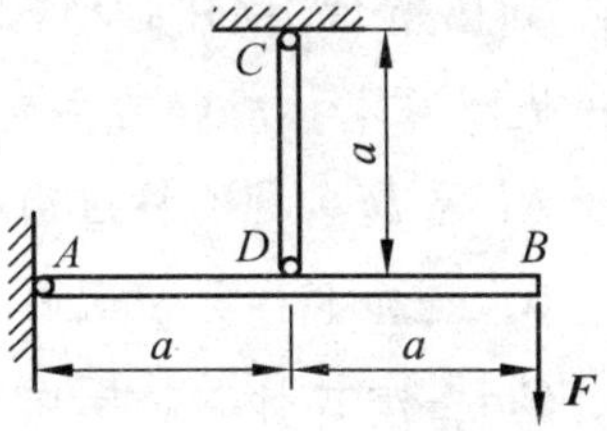

15. 如图所示，用绳索吊起重物。已知 $F=20\ \text{kN}$，绳索横截面面积 $A=12.6\ \text{cm}^2$，许用应力$[\sigma]=10\ \text{MPa}$。试校核 $\alpha=45°$ 及 $\alpha=60°$ 两种情况下绳索的强度。

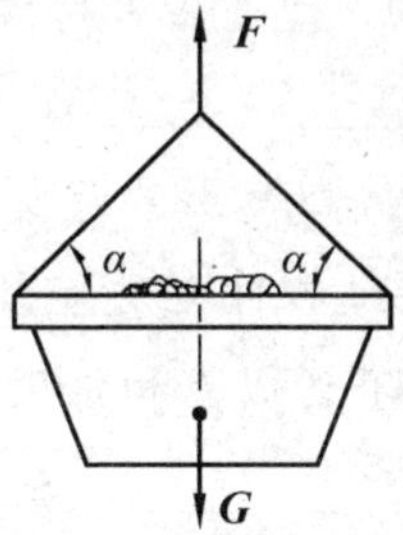

一、填空题

1. 构件在剪切时的受力特点是________________________________ ______________；变形特点是________________________________。剪切变形常常发生在___________零件上，如螺栓、键、销钉等。

2. 构件在发生剪切变形的同时，还伴有______________发生。由于切应力和挤压应力分布情况都比较复杂，所以在工程上常采用____________法来简化计算，建立它们的强度条件。即：剪切强度条件_______________和挤压强度条件_________________。

3. 两结构的受力、结构尺寸如图所示，则两构件的剪切面、挤压面面积分别为：

剪切面面积：A_{I} = ________________

A_{II} = ________________

挤压面面积：$A_{c\mathrm{I}}$ = ________________

$A_{c\mathrm{II}}$ = ________________

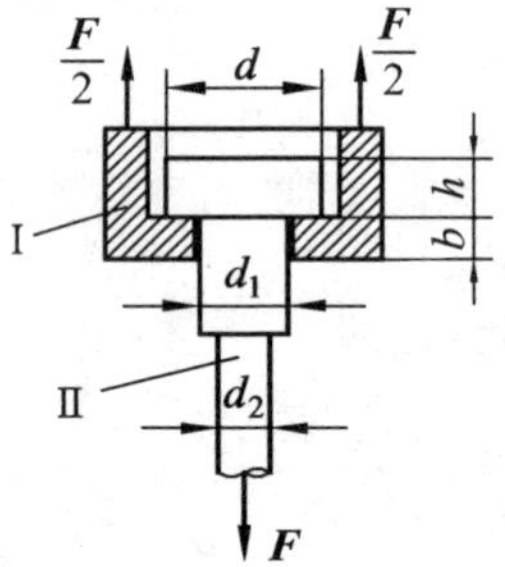

二、判断题

1. 剪切面内的剪力 F_Q 愈大，则切应力 τ 就愈大。（　　）

2. 进行挤压应力计算时，挤压面积就是传递压力的接触面面积。（　　）

3. 挤压应力只分布在两构件相互接触的局部区域，而压缩应力则分布在整个构件内部。（　　）

三、单项选择题

1. 如图所示，拉杆的材料为钢，在拉杆和木材之间放一金属垫圈，该垫圈对木材所起的主要作用是（　　）。

A. 增加木材的挤压面面积

B. 增加木材剪切面面积

C. 增加拉杆的挤压面面积

D. 增加拉杆的剪切面面积

E. 同时增加木材、拉杆的挤压面面积

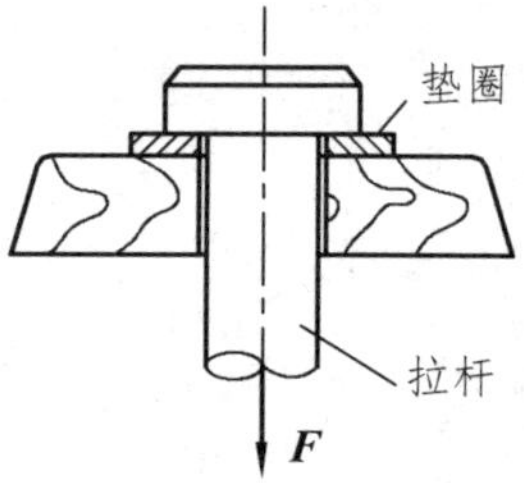

2. 矩形截面的木拉杆的接头尺寸如图所示，两端受拉力 F 作用。已知剪切许用应力为$[\tau]$，则连接处的剪切强度条件是（　　）。

A. $\dfrac{2F}{ab} \leqslant [\tau]$　　B. $\dfrac{F}{ab} \leqslant [\tau]$

C. $\dfrac{F}{b \times l} \leqslant [\tau]$　　D. $\dfrac{F}{2bl} \leqslant [\tau]$

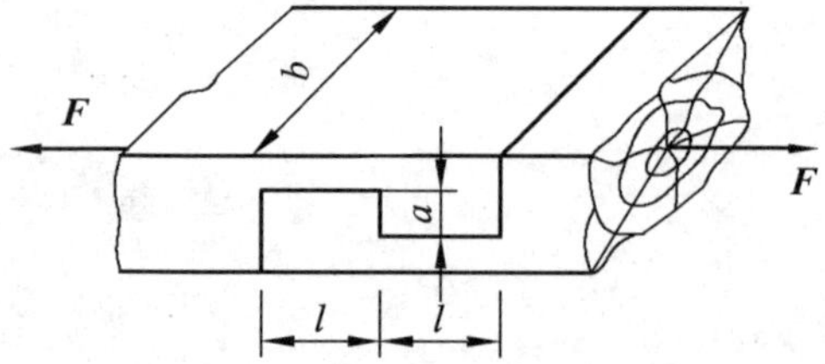

3. 对于平键连接，当其他条件不变时，键的剪切面长、宽尺寸均增加一倍时，其剪切面上的切应力将减小（　　）。

A. 1 倍　　B. $\frac{1}{2}$倍　　C. $\frac{1}{4}$倍　　D. $\frac{3}{4}$倍

4. 用螺栓连接两块钢板，当其他条件不变时，螺栓直径增加一倍，挤压应力将减小（　　）。

A. 1 倍　　B. $\frac{1}{2}$倍　　C. $\frac{1}{4}$倍　　D. $\frac{3}{4}$倍

四、计算题

1. 两块厚度为 10 mm 的钢板，用两个直径为 17 mm 的铆钉搭接在一起，钢板受拉力 $F = 60$ kN，设两个铆钉的受力相同，铆钉与钢板的材料相同，材料的许用切应力$[\tau] = 140$ MPa，许用挤压应力$[\sigma_c] = 280$ MPa，许用拉伸应力$[\sigma] = 160$ MPa。试校核铆接件的强度。

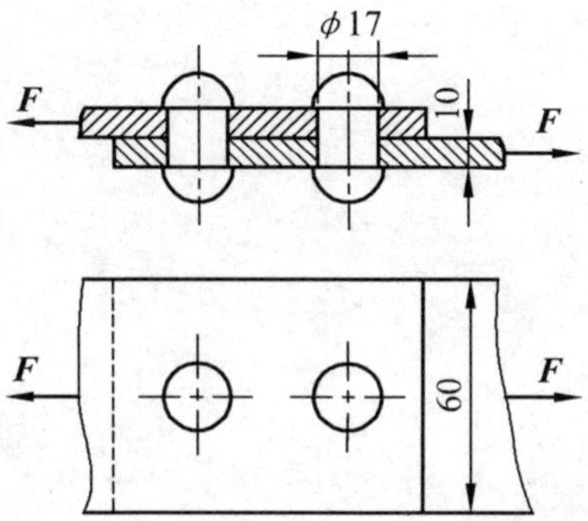

2. 在直径为 $d = 30$ mm 的心轴上安装一个摇柄，摇柄与心轴之间用平键连接，如图所示。键长 $l = 36$ mm，键宽 $b = 10$ mm，键高 $h = 8$ mm。若键材料的许用切应力 $[\tau] = 56$ MPa，摇柄材料的许用挤压应力 $[\sigma_c] = 120$ MPa，柄长 $L = 750$ mm。求力 F 的最大值。

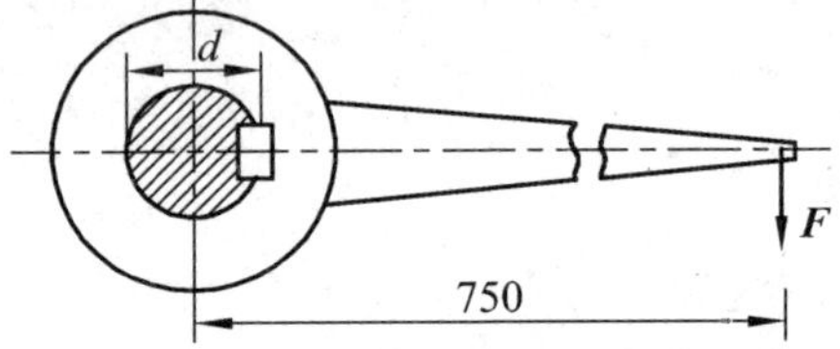

3. 环式保险器如图所示，当过载时，保险器被剪断。设环式保险器以剪切形式破坏，且剪切面的高度 $\delta = 20$ mm，材料的剪切强度极限 $\tau_b = 200$ MPa，压力机的最大许可压力 $F = 500$ kN。试确定保险器剪切部分的直径 D。

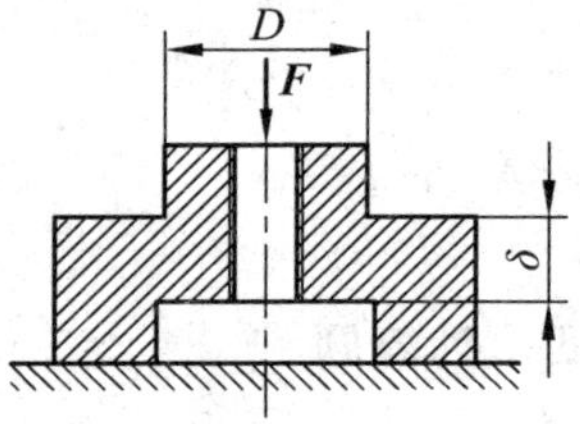

4. 如图所示铆钉连接。已知 $F = 20$ kN，$\delta_1 = 8$ mm，$\delta_2 = 10$ mm，$b = 60$ mm，$[\tau] = 60$ MPa，$[\sigma_c] = 125$ MPa，试选定铆钉的直径。又已知钢板的许用拉应力$[\sigma] = 120$ MPa，试校核钢板的强度。

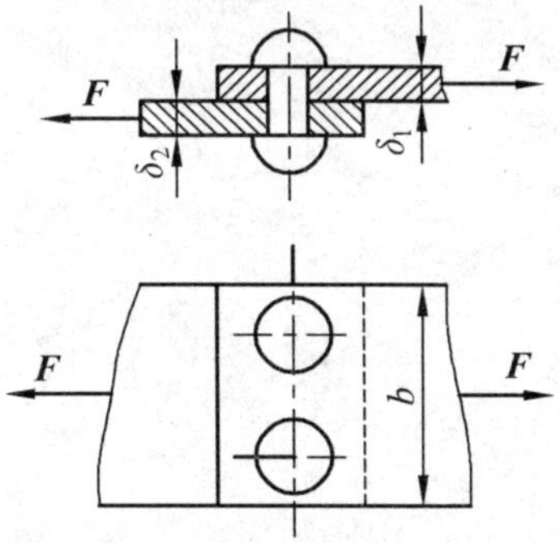

5. 图示螺杆受拉力 F 作用，已知材料的许用切应力$[\tau]$和许用拉应力$[\sigma]$之间的关系为$[\tau] = 0.6[\sigma]$。试计算螺杆直径 d 和螺杆头部的高度 h 的合理比值。

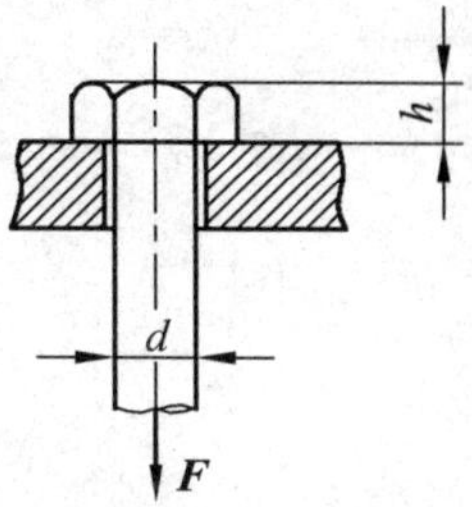

6. 用夹钳剪断直径 3 mm 的铅丝。若铅丝的剪切强度极限 τ_b = 100 MPa。试问需多大的力 F 才能剪断该铅丝？若销钉 B 的直径为 8 mm，试求销钉内的切应力。

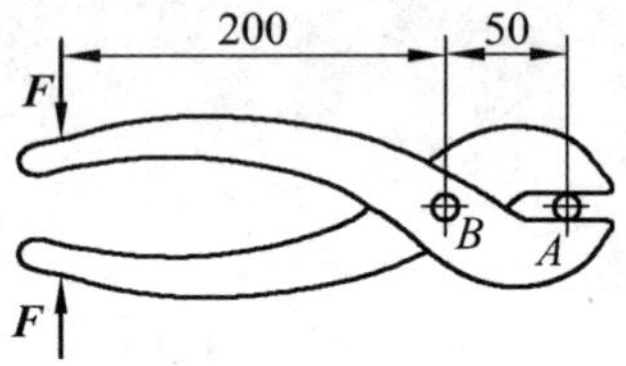

7. 车床的传动光杆装有安全销联轴器，当超过一定载荷时，安全销即被剪断。已知安全销的直径为 6 mm，材料为 Q235 钢，其剪切强度极限 τ_b = 370 MPa。试求安全销联轴器所能传递的力偶矩 M。

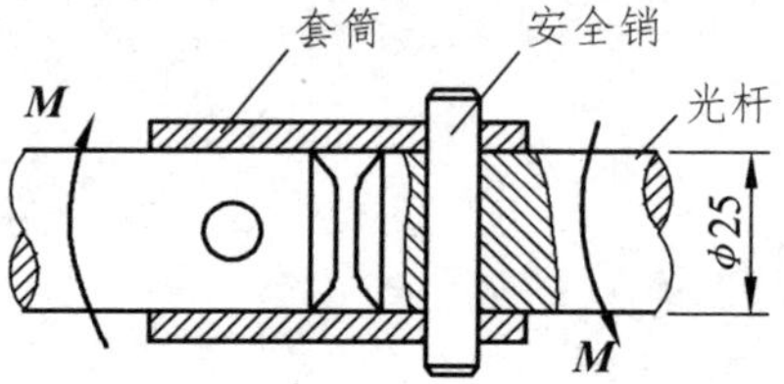

一、填空题

1. 圆轴产生扭转变形的受力特点是______________________________

____；

变形特点是____。

2. 扭矩图表示整个圆轴各横截面上扭矩____________规律，是分析______________所在位置的依据之一。

3. 扭转变形的大小是用两个截面间绕轴线的________来度量，它称为__________，其单位是________。

4. 在条件相同的情况下，采用空心轴可节省__________，减轻________，提高____________。

二、判断题

1. 当轴的两端受到一对大小相等、方向相反的力偶作用时，轴将产生扭转变形。（　　）

2. 在扭转变形中，凡有外力偶矩作用的截面处，在扭矩图中就发生突变，突变值等于外力偶矩的大小。（　　）

3. 扭转切应力计算公式 $\tau=\dfrac{M_x}{I_p}\rho$ 和 $\tau_{max}=\dfrac{M_x}{W_p}$ 只适用于圆轴。（　　）

4. 直径 d 与长度 l 相同而材料不同的两根轴，在相同的扭矩作用下，它们的最大切应力不相同。（　　）

5. 因等直圆轴扭转变形时，横截面上没有正应力而只有切应力存在，所以扭转变形与剪切变形是相同的。（　　）

6. 在材料和质量相同的情况下，等长的空心轴比实心轴的强度和刚度要高。（　　）

三、单项选择题

1. 如图所示各轴，产生纯扭转变形的是图（　　）。

A.

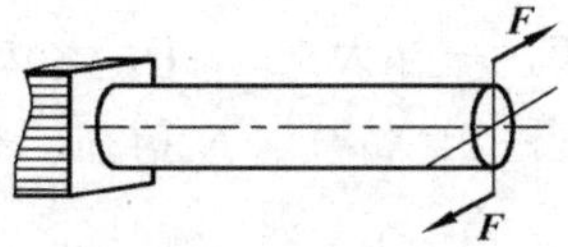

B.

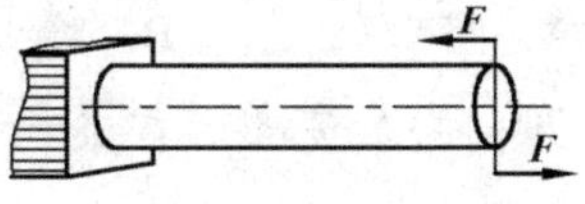

C.

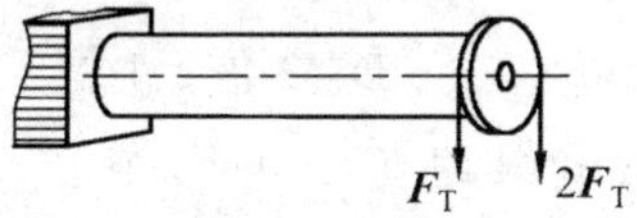

D.

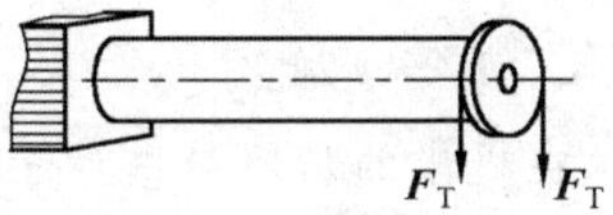

2. 当传递的功率 P 不变时，增加轴的转速，轴的强度和刚度将（　　）。

A. 有所提高　B. 有所削弱　C. 没有变化　D. 无法判定

3. 扭转切应力分布如图所示，其中正确的是图（　　）。（图中 M_x 为该截面上的扭矩）

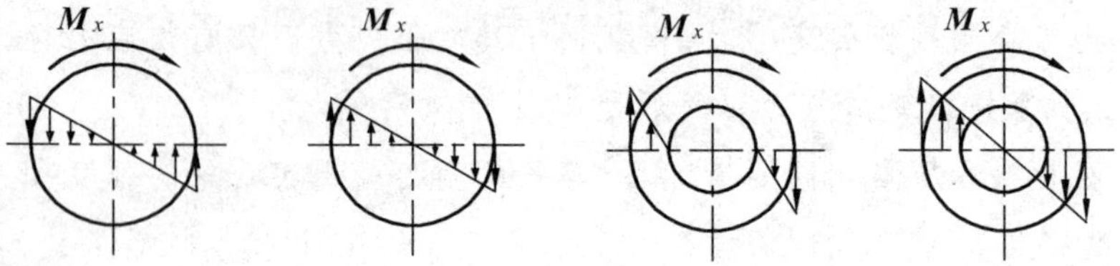

A.　　　　B.　　　　C.　　　　D.

4. 实心轴的直径与空心轴的外径及长度相同时，扭转截面系数大的是（　　）。

A. 空心轴　　B. 实心轴　　C. 一样大　　D. 无法判定

5. 圆轴扭转变形，在其他条件不变时，若轴的长度增加一倍，最大切应力和扭转角将分别是原来的（　　）。

A. 1 倍，1 倍　　B. 2 倍，2 倍

C. 1 倍，2 倍　　D. 2 倍，1 倍

6. 在机床的齿轮箱中，高速轴与低速轴的直径相比，直径大的是（　　）。

A. 高速轴　　B. 低速轴　　C. 一样大　　D. 无法判断

7. 在校核圆轴的扭转强度时，发现原设计的危险截面上的最大应力超过了许用扭转切应力，下述修改方案中较为合理的是（　　）。

A. 该用优质材料　　B. 加大直径

C. 在不增加轴重量的前提下，采用空心轴

D. 以上都不正确

四、计算题

1. 求图示各轴Ⅰ—Ⅰ、Ⅱ—Ⅱ、Ⅲ—Ⅲ截面上的扭矩，并画出扭矩图。

(a)

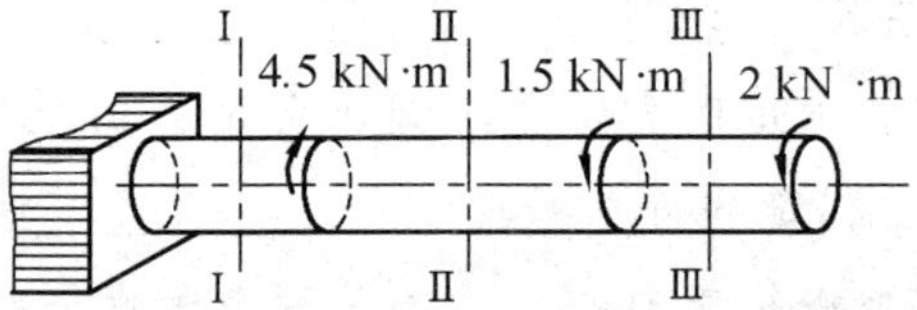

(b)

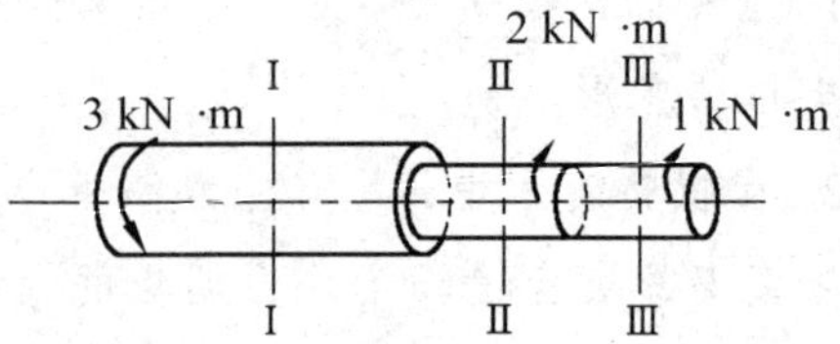

2. 传动轴转速 $n = 250$ r/min，主动轮输入功率 $P_B = 7$ kW，从动轮 A、C、D 分别输出功率为 $P_A = 3$ kW, $P_C = 2.5$ kW, $P_D = 1.5$ kW。试画该轴的扭矩图。

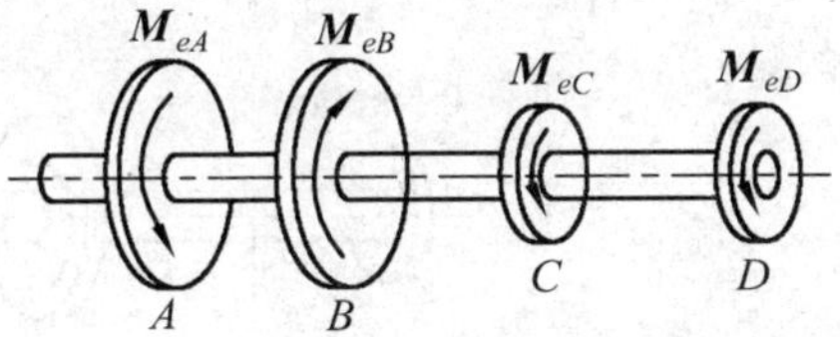

3. 请画出下面各圆轴横截面上切应力的分布情况。其中 M_x 代表该截面上的扭矩，$\sum M_{ei}$ 代表该截面以左（或以右）作用的合外力偶矩。

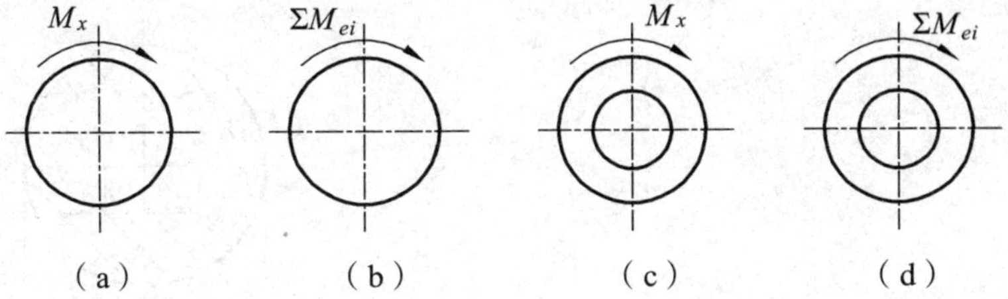

4. 直径 $d=50$ mm 的钢料圆轴，两端受大小相等、转向相反的扭转外力偶矩 $M_e=1.5$ kN·m 的作用，试求横截面上的最大切应力及该截面上 A、B 两点的切应力。图中尺寸单位为 mm。

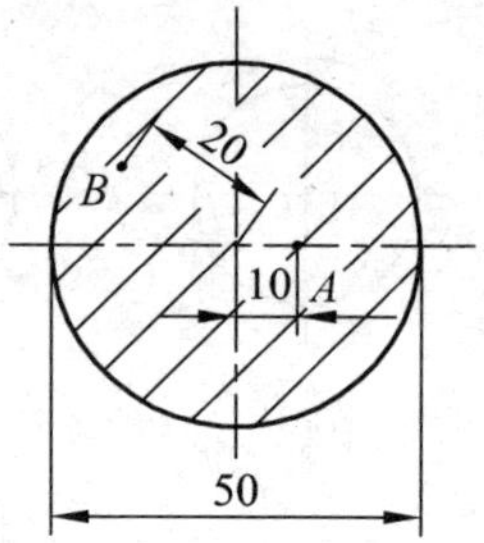

5. 传动轴如图所示，已知轴的直径 $d=40$ mm。试计算：(1) 轴的最大切应力；(2) 截面 I—I 的最大切应力及半径为 15 mm 圆周处的切应力；(3) 画出危险截面半径线 OA 上的应力分布图。

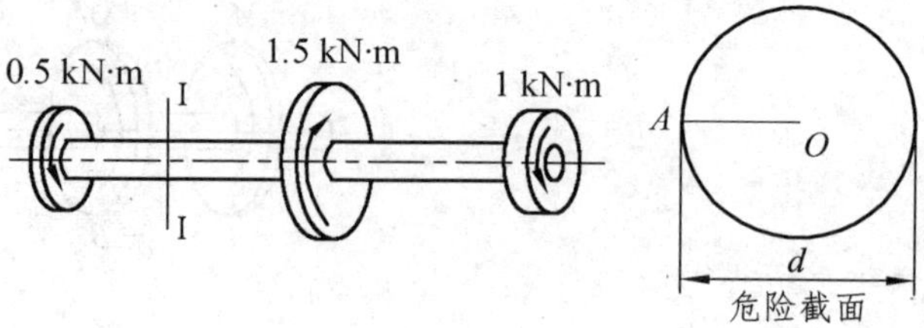

6. 传动轴如图（a）所示，已知 $l_1 = 1\ 200$ mm，$l_2 = 800$ mm，材料的切变模量 $G = 80$ GPa。（1）试计算轴两端的相对扭转角；（2）若将三个轮子按强度的合理要求重新布置后如图（b）所示，轴两端的相对扭转角又为多少？

（a）

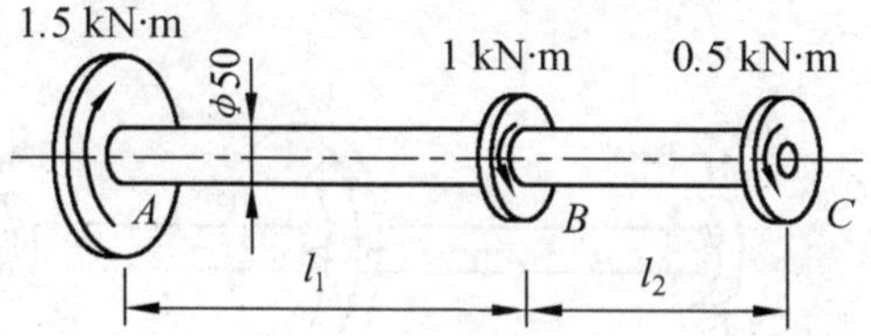

（b）

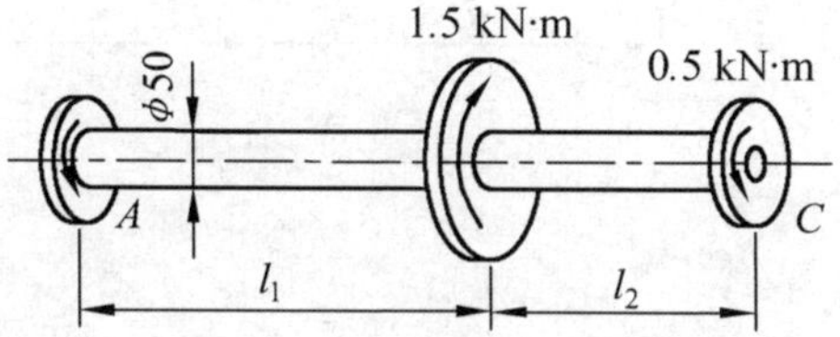

7. 轴的尺寸如图所示，单位为 mm。外力偶矩 $M_e = 300$ N·m，轴材料的许用切应力 $[\tau] = 60$ MPa，试校核该轴的强度。

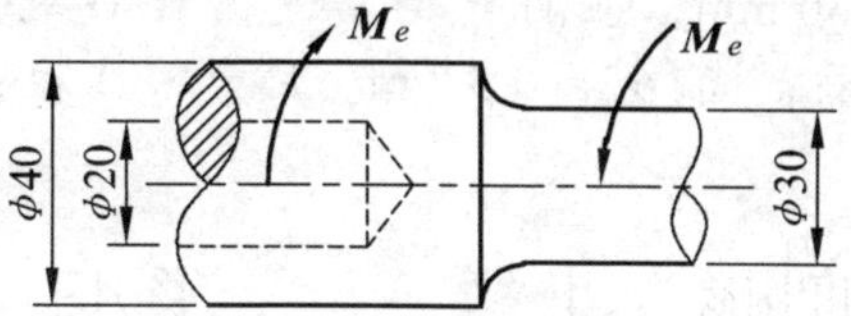

8. 图示为某一机器的输入轴，由电动机带动皮带轮，其输入功率 $P = 45$ kW，该轴转速 $n = 900$ r/min，已知材料的许用切应力 $[\tau] = 30$ MPa，轴的直径 $d = 30$ mm，轴材料的切变模量 $G = 80$ GPa，许用的单位长度相对扭转角 $[\theta] = 0.5$ °/m。试校核该轴的强度与刚度。

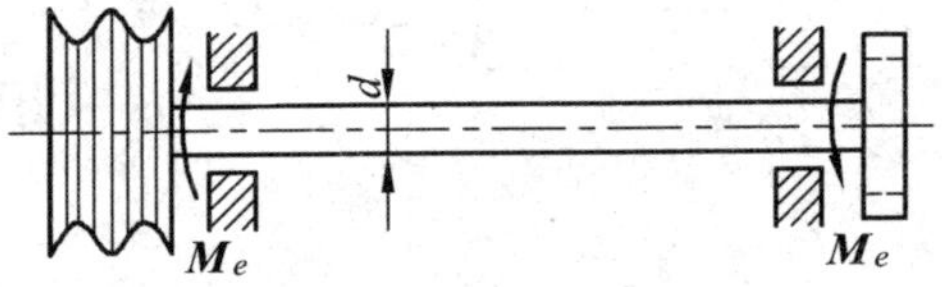

9. 传动轴转速 $n = 500$ r/min，主动轮 Ⅰ 输入功率 $P_{\mathrm{I}} = 300$ kW，从动轮 Ⅱ 、Ⅲ 的输出功率分别为 $P_{\mathrm{II}} = 200$ kW、$P_{\mathrm{III}} = 100$ kW。已知轴材料的许用切应力 $[\tau] = 70$ MPa，切变模量 $G = 80$ GPa，许用的单位长度相对扭转角 $[\theta] = 1$°/m，若设计成等截面轴，这时轴的直径应为多大？

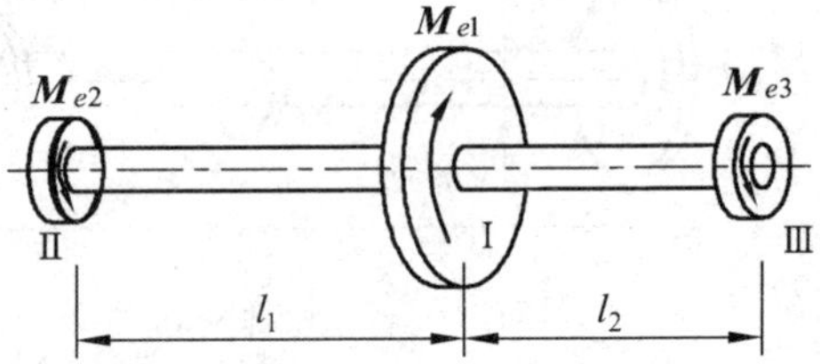

10. 实心轴直径 $d = 50$ mm，材料的许用扭转切应力 $[\tau] = 55$ MPa，轴转速 $n = 300$ r/min，试按扭转强度确定此轴所能传递的最大功率，并分析当转速升高为 $n = 600$ r/min 时，能传递的功率如何变化？

11. 已知轴的转速 $n = 300$ r/min，各轮传递的功率 $P_A = 80$ kW，$P_B = 44$ kW，$P_C = 36$ kW，轴材料的许用切应力 $[\tau] = 120$ MPa，剪切弹性模量 $G = 80$ GPa，许用单位长度扭转角 $[\theta] = 1.0$ (°)/m，$d = 60$ mm。齿轮有如下两种布置方案，哪一种方案较合理？试校核你认为合理方案轴的强度和刚度。

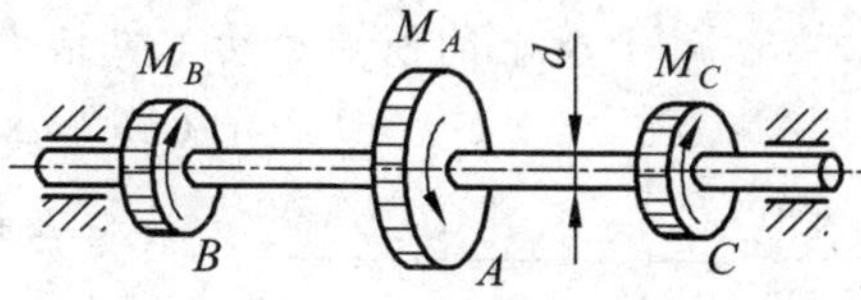

（a）

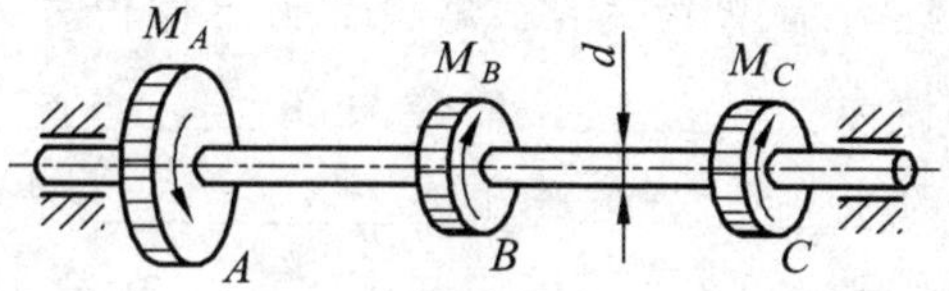

（b）

一、填空题

1. 工程上通常将只发生________________的杆件称为梁。梁可分为________、________、________等三种基本形式。

2. 当作用于梁上的所有外力（包括力偶和支座反力）都位于梁的________内，且外力的作用线与轴线______时，则梁的轴线在__________内被弯曲成一条________，这种弯曲称为平面弯曲。

3. 平面弯曲的梁，其横截面上的内力一般有________种，一种称为______，它作用在__________平面内；另一种称为______，它作用在________平面内。

4. ________________的弯曲称为纯弯曲，纯弯曲梁内________________称为中性层，中性层与横截面的交线称为________。

5. 一般情况下，直梁平面弯曲时，对于整个梁来说________上各点的正应力为零；对于梁的任意横截面来说________上各点的正应力为零。

6. 对于梁的跨度与截面高度之比大于5的梁，影响其强度的主要因素是________。

7. 当钢梁弯曲时，应采用________形状的截面才合理；当铸铁梁弯曲时，应采用________形状的截面才合理。

8. 提高梁弯曲强度的主要措施有：

①________________________；

②________________________；

③________________________。

9. 梁变形后的位移主要有挠度和转角，挠度是指______________________________位移；转角是指________________位移。

10. 挠度和转角之间的关系式是________________。

11. 梁弯曲的刚度条件是________________。

二、判断题

1. 横截面上只有正应力的变形必定是轴向拉压变形。（　　）

2. 使用杠杆工作时，它的变形一般主要是弯曲变形。（　　）

3. 简支梁上作用有一集中力偶，该力偶无论置于何处，梁的剪力图都是一样的。（　　）

4. 梁弯曲时，其横截面上的内力不仅与作用在梁上的外力有关，还与梁的支承有关。（　　）

5. 弯矩图表示梁的各横截面上弯矩沿梁轴线变化的规律，是分析梁的危险截面的依据之一。（　　）

6. 弯曲正应力计算公式由于是在梁纯弯曲下导出的，因此，在使用中该公式只适用于纯弯曲梁。（　）

7. 材质相同、长度相同、用料相同的空心圆截面梁与实心圆截面梁的承载能力必相同。（　）

8. 要提高梁的强度必须加大梁的截面尺寸或采用高强度优质材料。（　）

9. 梁上的最大挠度发生处必定是最大转角发生处。（　）

三、选择题

1. 应用截面法计算梁横截面上的剪力，其剪力等于（　）。
   A. 梁上所有横向外力的代数和
   B. 该截面一侧（左侧或右侧）所有横向外力的代数和
   C. 该截面一侧（左侧或右侧）所有外力的代数和
   D. 该截面一侧（左侧或右侧）所有纵向外力的代数和

2. 应用截面法计算梁横截面上的弯矩，其弯矩等于（　）。
   A. 梁上所有外力（包括力偶）对该截面形心力矩的代数和
   B. 该截面一侧（左侧或右侧）梁上所有外力对任意点力矩的代数和
   C. 该截面一侧（左侧或右侧）梁上所有外力对截面形心力矩的代数和
   D. 该截面一侧（左侧或右侧）梁上所有外力对支座力矩的代数和

3. 在梁的某一段上有均布向下的载荷作用时，则该段梁上的剪力图是一条（　），弯矩图是一条（　）。
   A. 水平直线　　B. 向右下斜直线
   C. 向右上斜直线　　D. 上凸抛物线
   E. 下凸抛物线

4. 在梁的某一段上有均布向上的载荷作用时，则该段梁上的剪力图是一条（　），弯矩图是一条（　）。
   A. 水平直线　　B. 向右下斜直线
   C. 向右上斜直线　　D. 上凸抛物线
   E. 下凸抛物线

5. 在梁的集中力作用处，（　）。
   A. 剪力图有突变，弯矩图光滑连续
   B. 剪力图有突变，弯矩图有折角
   C. 剪力图无突变，弯矩图有突变
   D. 剪力图无突变，弯矩图有折角

6. 在梁的集中力偶作用处，（　）。
   A. 剪力图有突变，弯矩图无变化
   B. 剪力图有折角，弯矩图有突变
   C. 剪力图无变化，弯矩图有突变
   D. 剪力图有折角，弯矩图无变化

7. 梁在某截面处的剪力 $F_Q=0$ 时，则该截面处的弯矩为（　）。
   A. 极值　　B. 零值　　C. 最大值　　D. 最小值

8. 矩形截面梁在横力弯曲时，图示横截面上的剪力和弯矩不为零，z 轴为中性轴，该截面上 a、b、c 三点正应力的关系为（　　），其切应力的关系为（　　）。

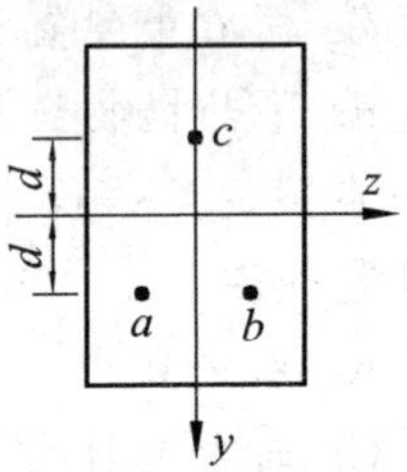

A. $\sigma_a=\sigma_b$　　　B. $\sigma_a=\sigma_c$

C. $\sigma_b=\sigma_c$　　　D. $\tau_a=\tau_b=\tau_c$

E. $\tau_a\neq\tau_c$　　　F. $\tau_b\neq\tau_c$

9. 矩形截面简支梁受载荷情况如图所示。梁 AB 段任一横截面上 a 点的切应力是（　　）。

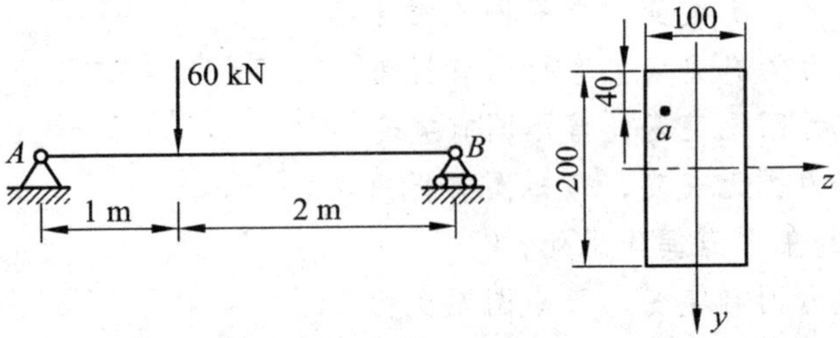

A. $\tau=\dfrac{3F_Q}{2A}=\dfrac{3\times40\times10^3}{2\times100\times200}=3.0$（MPa）

B. $\tau=\dfrac{F_QS_z}{I_zb}=\dfrac{40\times10^3\times400\times100\times60}{(100\times200^3/12)\times100}=1.44$（MPa）

C. $\tau=\dfrac{F_QS_z}{I_zb}=\dfrac{40\times10^3\times40\times100\times80}{(100\times200^3/12)\times100}=1.92$（MPa）

D. $\tau=\dfrac{F_QS_z}{I_zb}=\dfrac{40\times10^3\times60\times100\times30}{(100\times200^3/12)\times100}=1.08$（MPa）

10. 图示的 T 形截面梁，其弯矩为 M_Z，则正确的正应力分布图是（　　）。

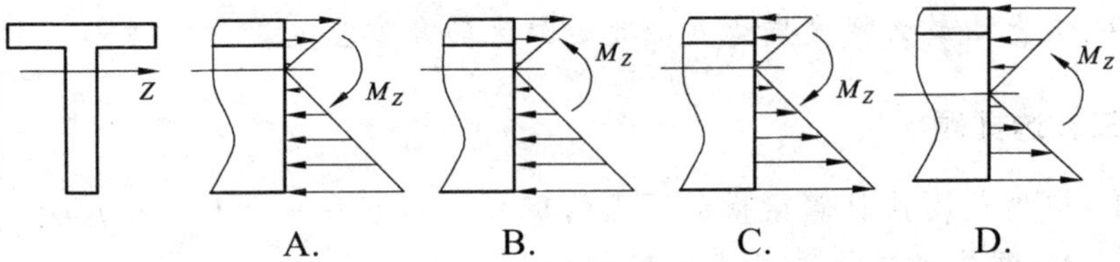

11. 两根矩形截面悬臂梁的尺寸、载荷分别相同，材料分别为钢和木材。设二梁均在线弹性范围内变形，二梁 C 截面处的最大正应力的关系为（　　），上边缘的最大线应变的关系为（　　）。

A. $\sigma_{a\max}=\sigma_{b\max}$　　B. $\sigma_{a\max}>\sigma_{b\max}$　　C. $\sigma_{a\max}<\sigma_{b\max}$

D. $\varepsilon_{a\max}=\varepsilon_{b\max}$　　E. $\varepsilon_{a\max}>\varepsilon_{b\max}$　　F. $\varepsilon_{a\max}<\varepsilon_{b\max}$

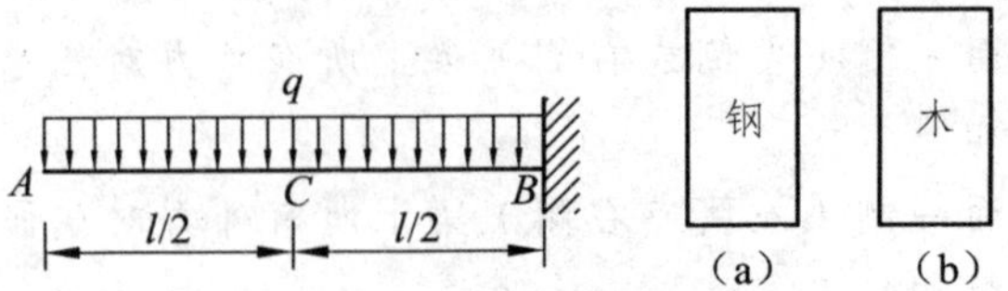

12. 如图所示，矩形截面简支梁分别采用（a）、（b）、（c）三种尺寸，其最大正应力之比正确的是（　　）。

A. $\dfrac{\sigma_{a\max}}{\sigma_{b\max}}=4$　　B. $\dfrac{\sigma_{a\max}}{\sigma_{b\max}}=2$　　C. $\dfrac{\sigma_{a\max}}{\sigma_{b\max}}=8$

D. $\dfrac{\sigma_{a\max}}{\sigma_{c\max}}=2$　　E. $\dfrac{\sigma_{a\max}}{\sigma_{c\max}}=8$　　F. $\dfrac{\sigma_{a\max}}{\sigma_{c\max}}=4$

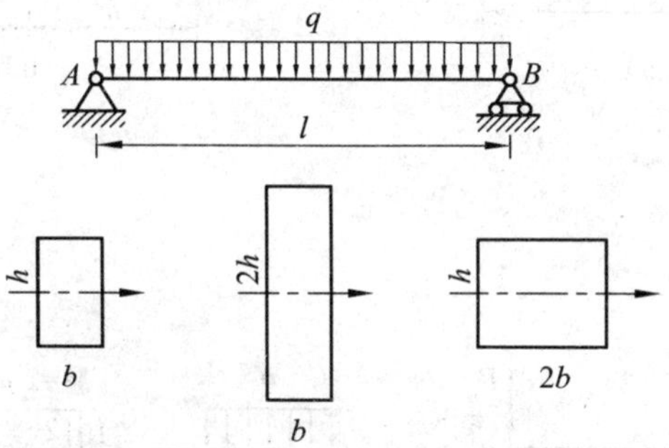

（a）　（b）　（c）

13. 纯弯曲梁的截面有图示五种形状，各截面的面积相等，材料均为低碳钢。当弯曲发生在竖直平面内时，从弯曲正应力强度考虑，其中最合理的为（　　），最不合理的为（　　）。

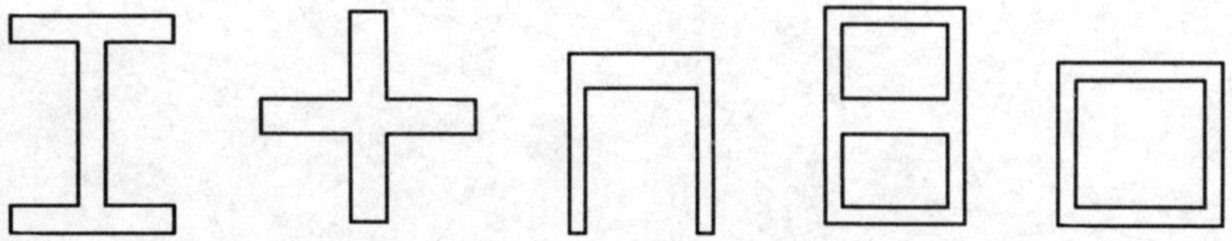

A.　B.　C.　D.　E.

14. 如图所示，梁 3—3 截面上的弯矩等于（　　）。

A. qa^2　　B. $\dfrac{1}{2}qa^2$

C. $-\dfrac{1}{2}qa^2$　　D. 0

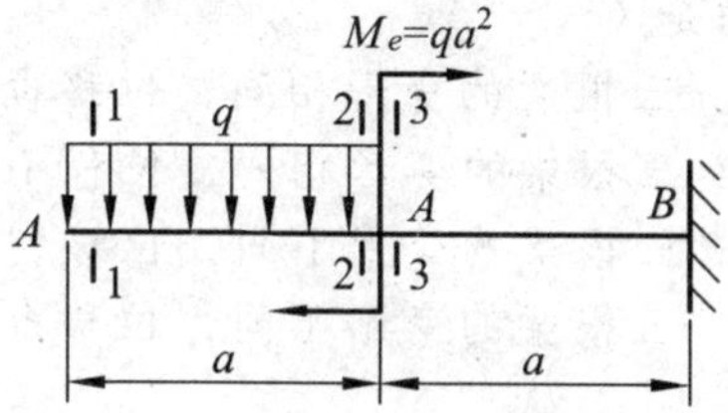

15. 如图所示简支梁的四种受载情况，设 M_1，M_2，M_3，M_4 分别表示梁（1），（2），（3），（4）中的最大弯矩，则下列结论中正确的是：（　　）

A. $M_1>M_2=M_3>M_4$　　B. $M_1>M_2>M_3>M_4$

C. $M_1>M_2>M_3=M_4$　　D. $M_1>M_2>M_4>M_3$

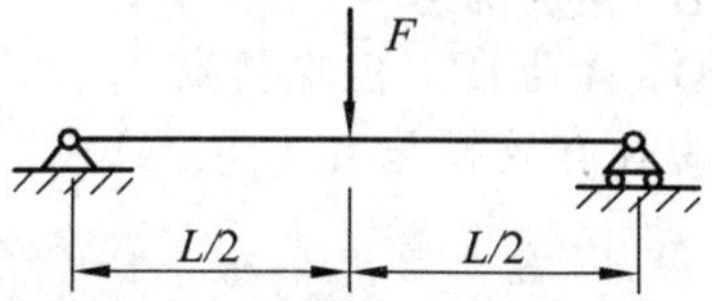

（1）

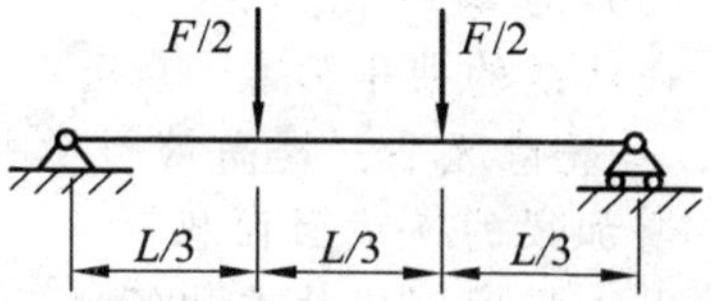

（2）

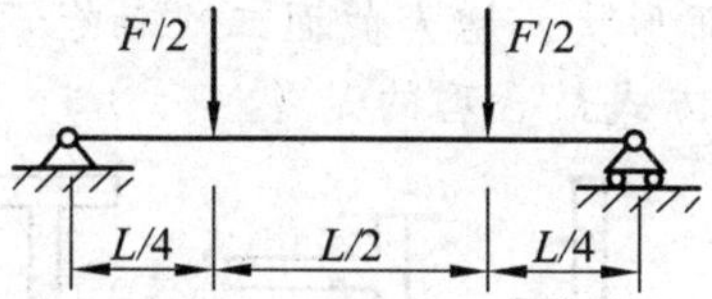

（3）

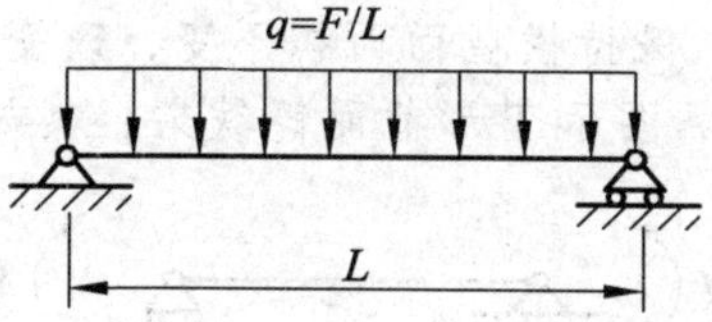

（4）

16. 图示三根梁的材料、截面形状及尺寸均相同，下面结论正确的是（　　）。

A. 三根梁的变形相同，位移也相同

B. 三根梁的变形相同，位移不相同

C. 三根梁的变形不同，位移相同

D. 三根梁的变形不同，位移也不相同

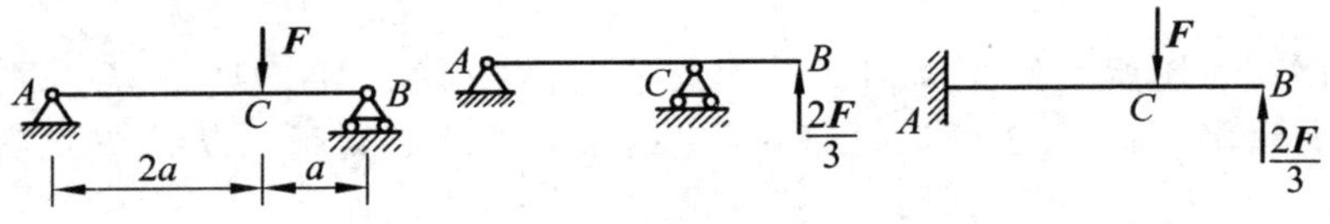

（a）　（b）　（c）

17. 梁上弯矩等于零的点处有（　　）。

A. 转角为零　　B. 挠度为零

C. 挠曲线的曲率为零　　D. 挠曲线上出现拐点

18. 一般情况下，提高钢制梁刚度的最有效措施有（　　）。

A. 增加梁的横截面面积

B. 用高强度钢代替普通钢

C. 减小梁的跨度或增加支承

D. 保持横截面面积不变，改变截面形状，增大截面二次轴矩

19. 图示 T 形截面铸铁梁，其放置方式最合理的是（　　）。

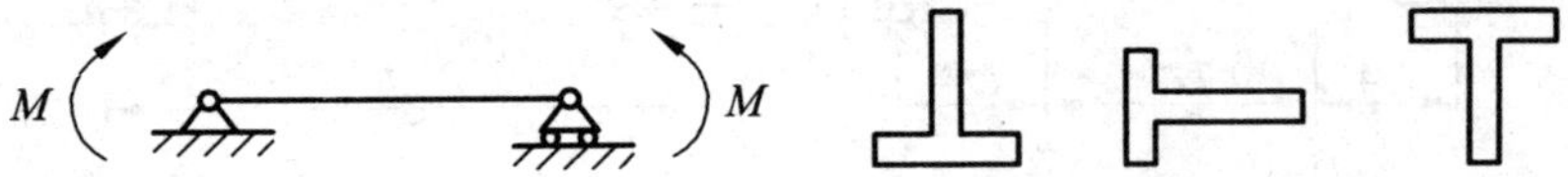

A.　B.　C.

四、计算题

1. 试求图示各梁 1—1、2—2 截面上的剪力和弯矩。

（a）　（b）

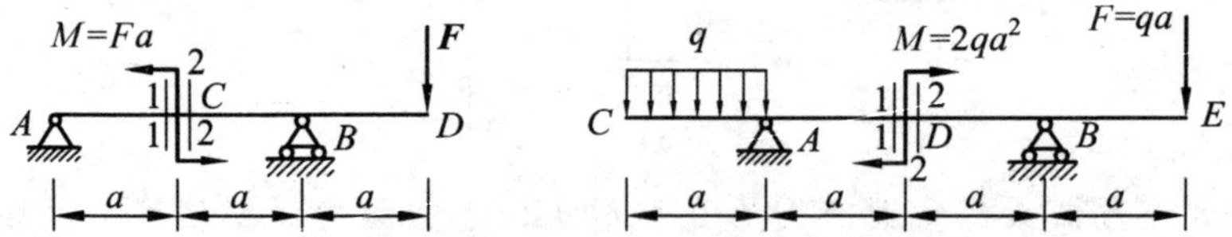

（c）　（d）

2. 试列出图示梁的剪力、弯矩方程，画出剪力图和弯矩图，并求出 $|F_Q|_{max}$ 和 $|M_z|_{max}$。

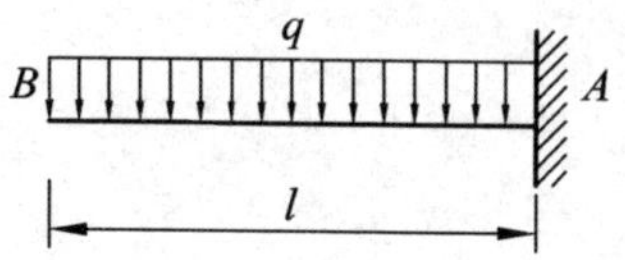

(a)

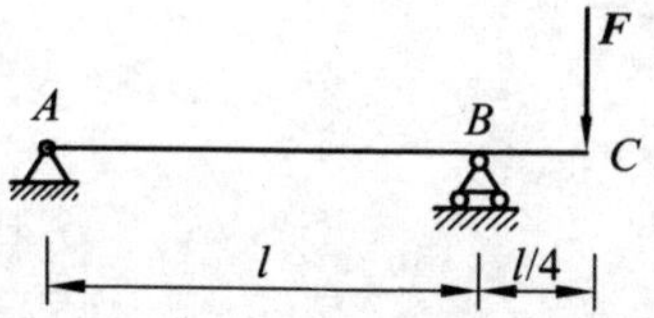

(b)

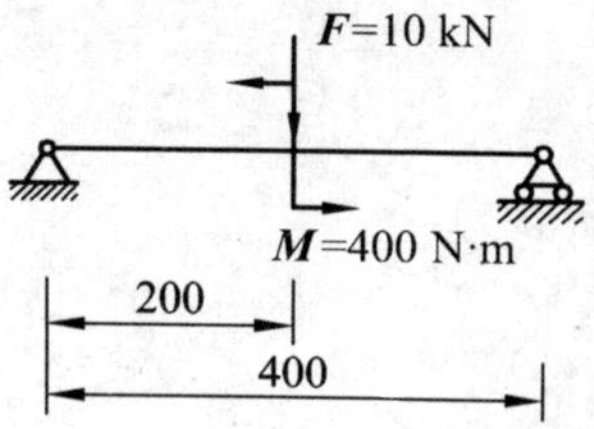

(c)

3. 试利用 q、F_Q、M_z 之间的微分关系作图示各梁的剪力和弯矩图，并确定 $|F_Q|_{max}$ 和 $|M_z|_{max}$ 的值。

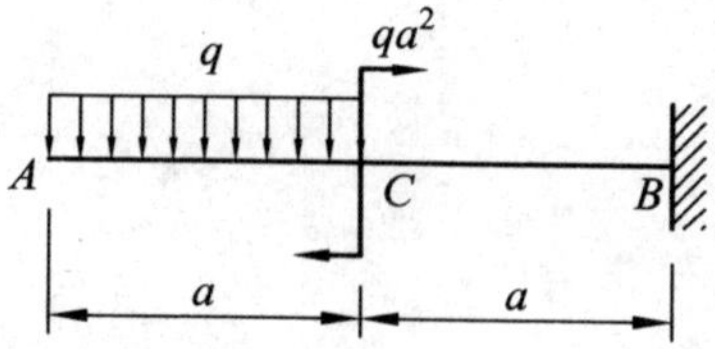

(a)

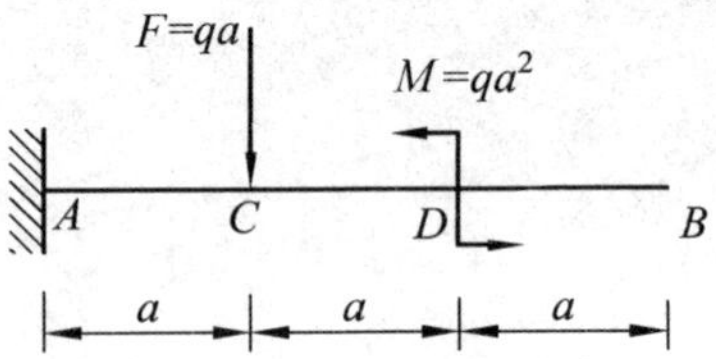
F=qa
M=qa2
A
C
D
B
a
a
a

（b）

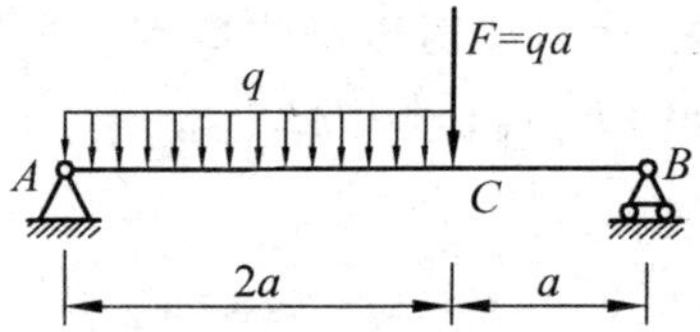
q
F=qa
A
C
B
2a
a

（d）

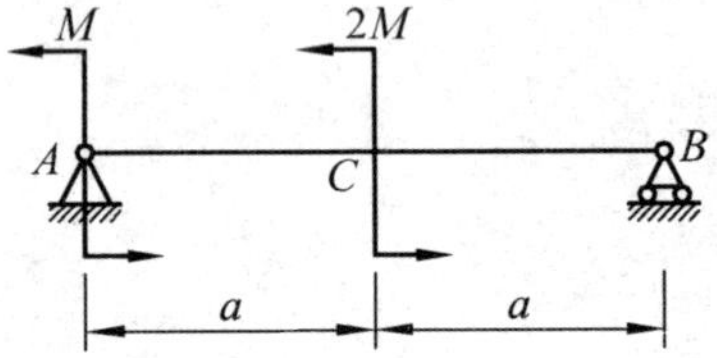
M
2M
A
C
B
a
a

（c）

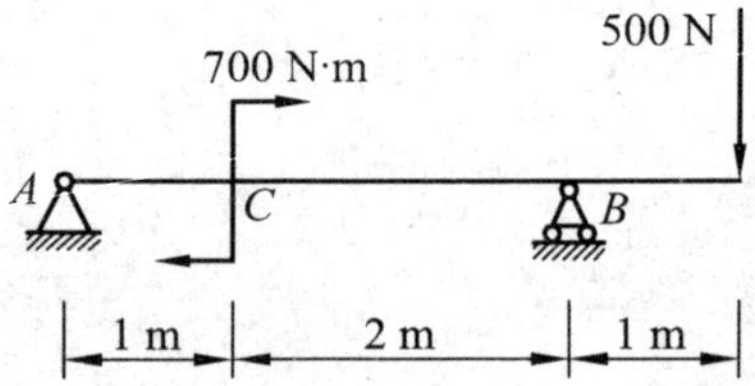
700 N·m
500 N
A
C
B
1 m
2 m
1 m

（e）

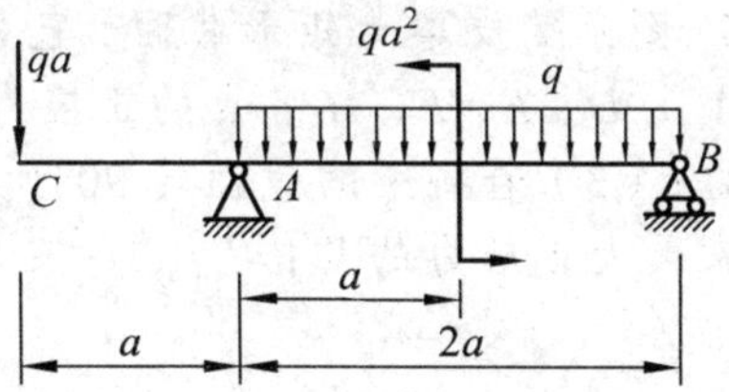

(f)

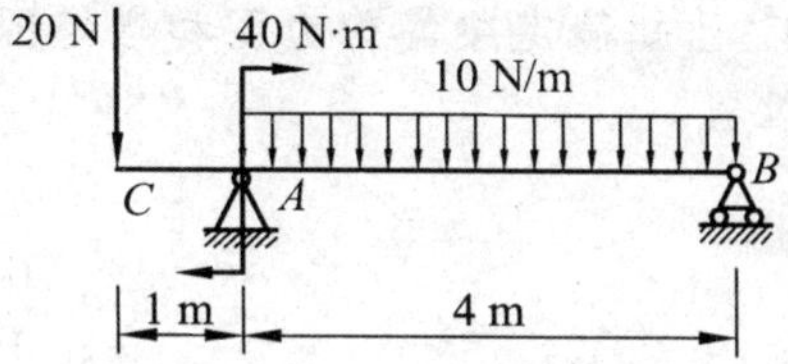

(g)

4. 已知静定梁的剪力图和弯矩图，试确定梁上的全部外力及作用位置。

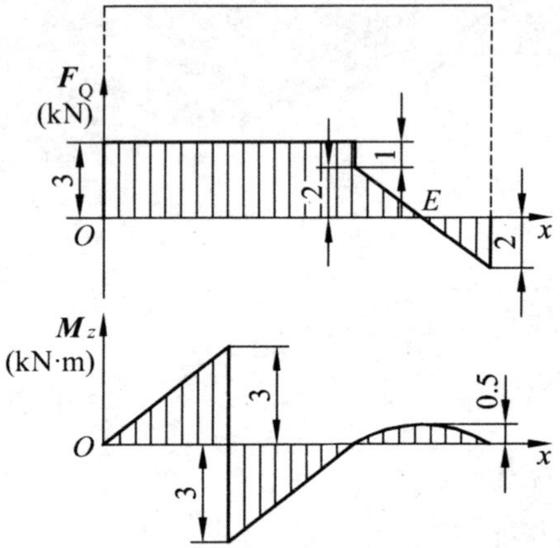

5. 图示简支梁为矩形截面。已知 $F=16$ kN。试求：(1) 截面Ⅰ—Ⅰ上 D、E、F、H 各点的正应力大小和正负；(2) 梁的最大正应力；(3) 若将梁的截面转 90°如图 (c) 所示，则最大正应力是原来最大正应力的几倍？

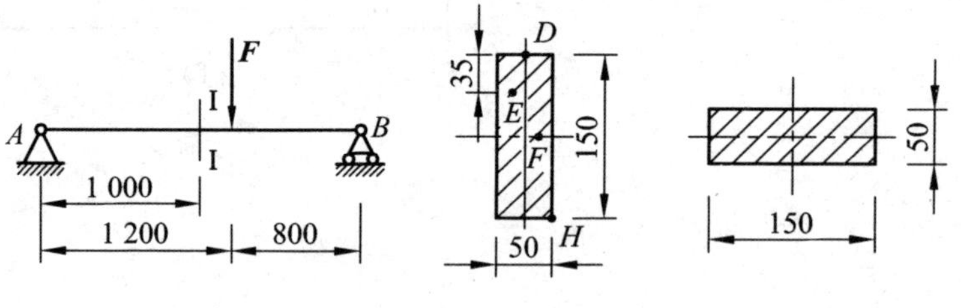

(a) (b) (c)

6. 一 T 形铸铁梁如图所示，试画出 B、C 两截面上的正应力分布图，并指出最大拉应力 σ_{max}^{+} 和最大压应力 σ_{max}^{-} 的作用位置。

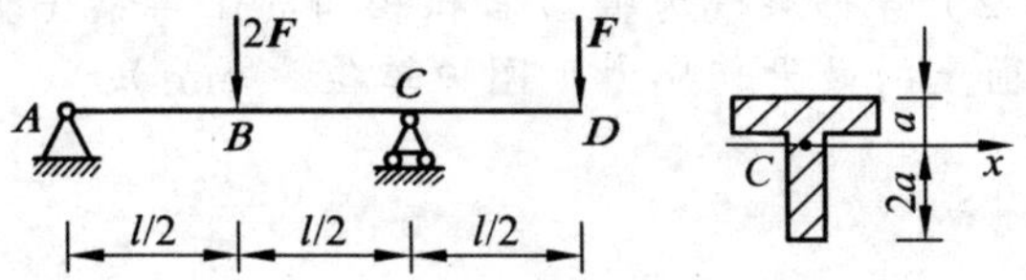

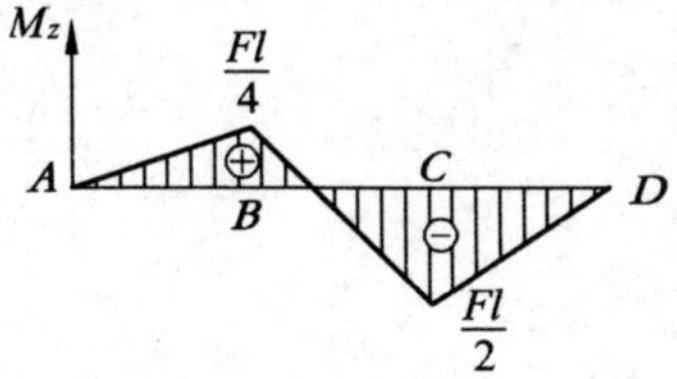

7. 圆截面梁的承载情况如图所示，其外伸部分为空心圆截面，试作弯矩图，并求该梁的最大正应力。

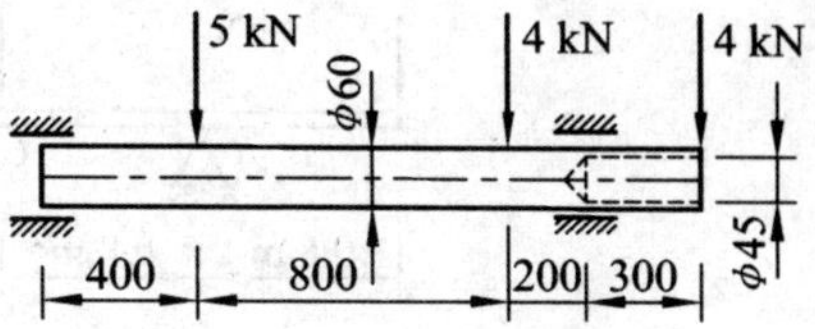

8. 图示外伸梁用 16a 号槽钢制成，试求梁内最大拉应力和最大压应力，并指出其作用位置。

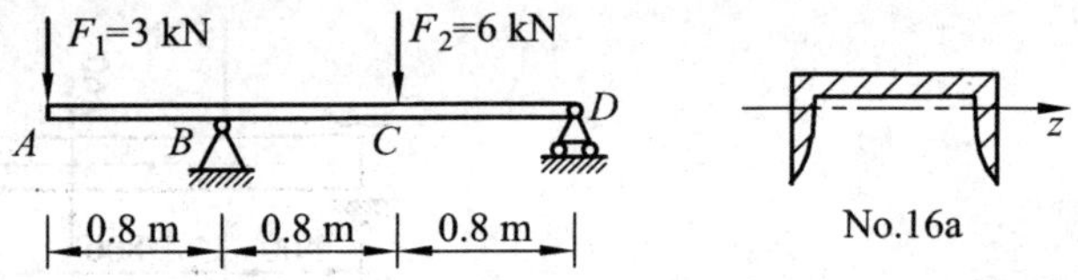

9. 矩形截面梁某截面的剪力 $F_Q = 20$ kN。

（1）计算该截面上 K 点的切应力和最大切应力；

（2）若将梁改为截面面积相同的工字钢（查型钢表），求同一截面上的最大切应力（图中单位为 mm）。

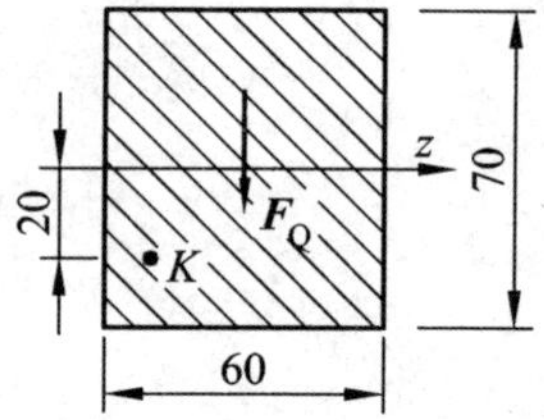

10. 简支梁由 22b 号工字钢制成，在距离左端支座 $a = 0.5$ m 处作用一铅垂向下的集中载荷 $F = 120$ kN，若梁的跨度 $l = 1.5$ m，材料的许用应力 $[\sigma] = 170$ MPa，试校核其正应力强度。

11. T 形截面外伸梁，受力与截面尺寸如图所示，其中 C 为截面形心，$I_z = 2.136\times10^7\ \text{mm}^4$。梁的材料为铸铁，其许用拉应力 $[\sigma]^+ = 30$ MPa，许用压应力 $[\sigma]^- = 60$ MPa。试校核该梁的强度。

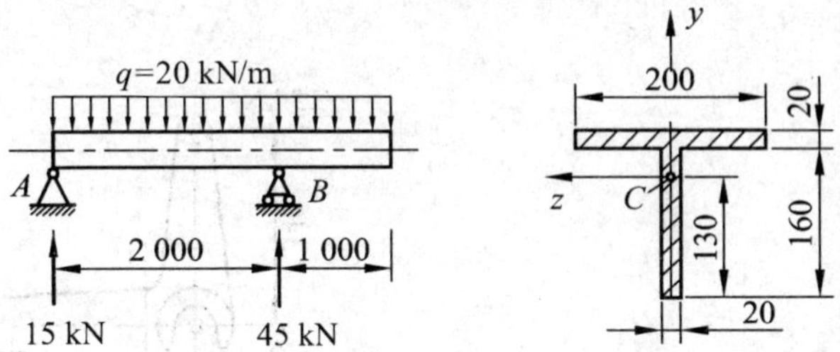

12. 空气泵操作杆的受力及尺寸如图所示。材料的许用应力[σ] = 50 MPa，1—1 截面为矩形，其 $h/b = 2$。试求截面 1—1 的尺寸 b 和 h（图中尺寸单位为 mm）。

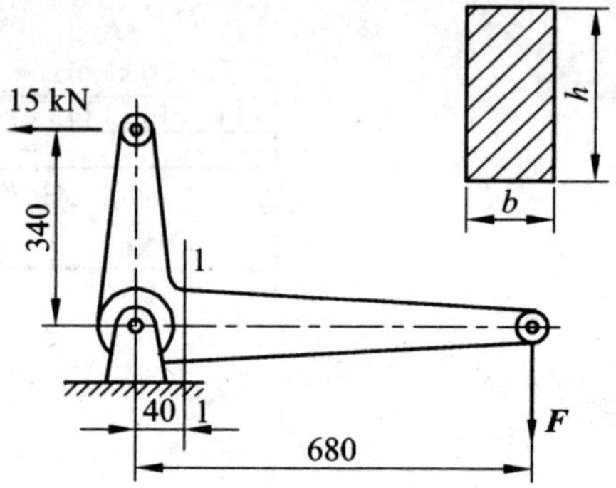

13. 25a 号槽形截面简支梁如图所示。已知材料的许用应力[σ] = 160 MPa，在截面竖放和横放两种情况下，试比较其许用弯曲力偶矩 M_0 的大小。

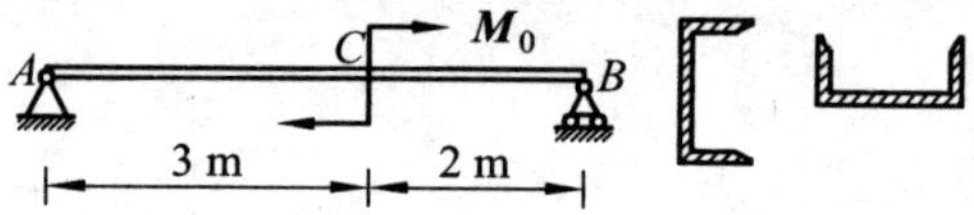

14．图示简支梁，已知：梁选用 20b 型工字钢，材料的许用应力 $[\sigma]=160$ MPa，$a=2$ m，$q=20$ kN/m，试校核梁弯曲正应力强度。

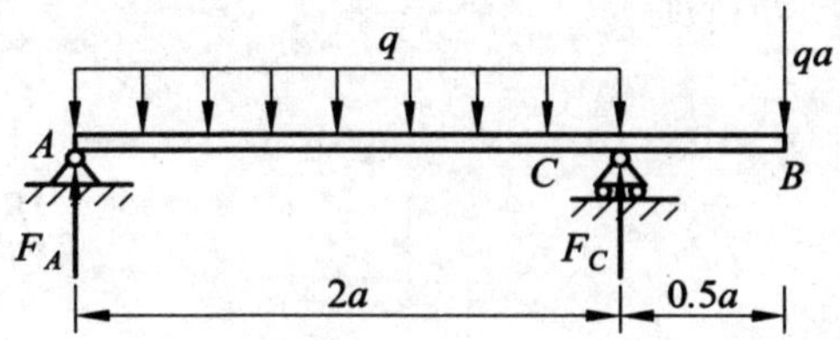

15. 梁 AC 的截面为 10 号工字钢，B 点用圆截面钢杆 BD 悬挂。已知 $d=20$ mm，梁和杆的材料许用应力$[\sigma]=160$ MPa，试求许用均布载荷$[q]$。

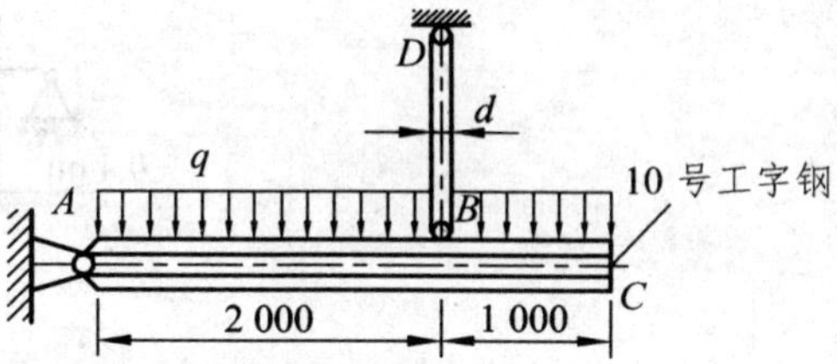

16. 简支梁承受载荷如图所示，已知横截面为 28a 号工字钢，其材料许用应力 $[\sigma]=170$ MPa，$[\tau]=100$ MPa，试校核此梁的强度。

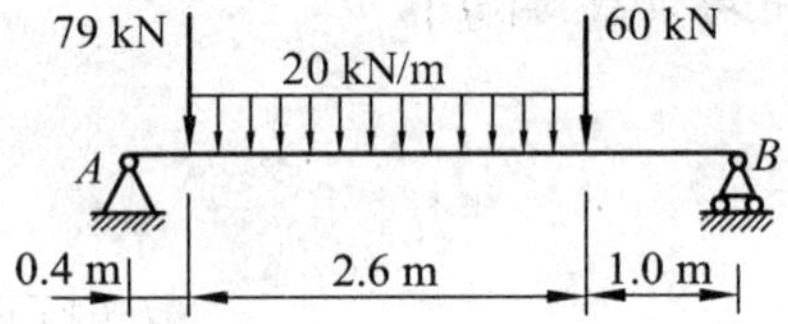

17. 图示为桥式起重机大梁的计算简图。原设计最大起重量为 100 kN，现需吊起 $G=150$ kN 重的设备，采用图示的方法。试求 x 的最大值等于多少，才能起吊 150 kN 重的设备（只考虑梁的正应力强度）。

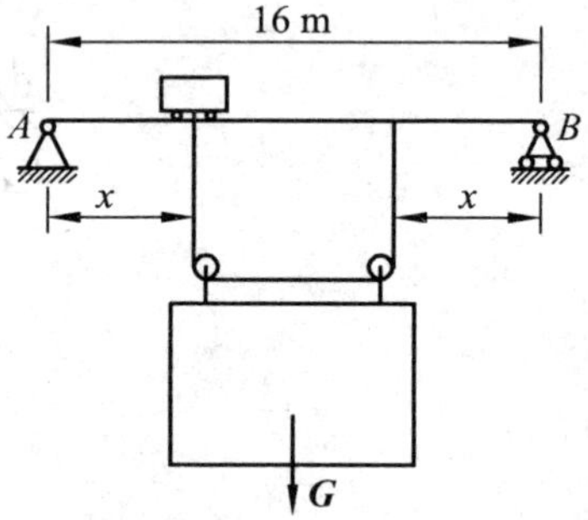

18．试用叠加法求图示各梁截面 A 的挠度和截面 B 的转角。设梁的抗弯刚度 EI_z 为常数。

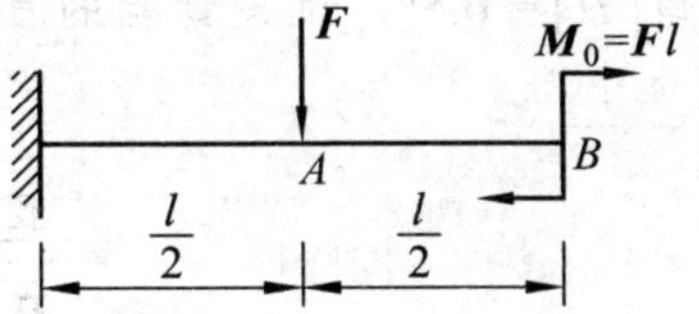

（a）

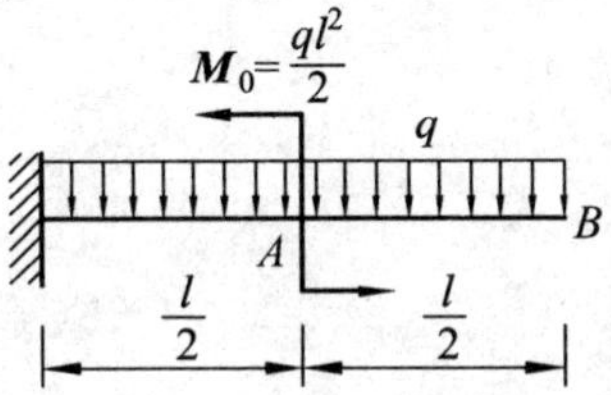

（b）

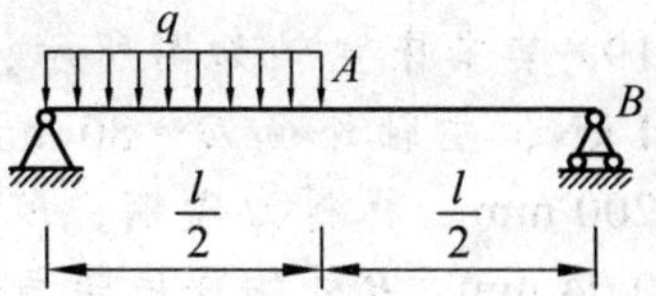

（c）

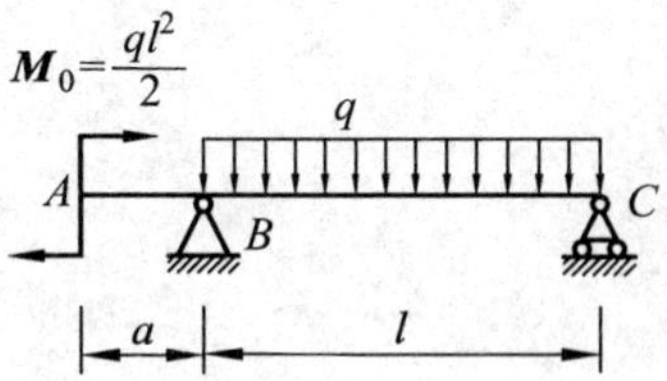

（d）

19. 某车床主轴如图所示，切削力 $F_1=2$ kN，齿轮作用力 $F_2=1$ kN，主轴外径 $D=80$ mm，内径 $d=40$ mm，$l=400$ mm，$a=200$ mm。材料为碳钢，$E=210$ GPa。C 点处的许用挠度 $[f_C]=0.04$ mm，B 处的许用转角 $[\theta_B]=0.001$ rad。试校核此轴的刚度。

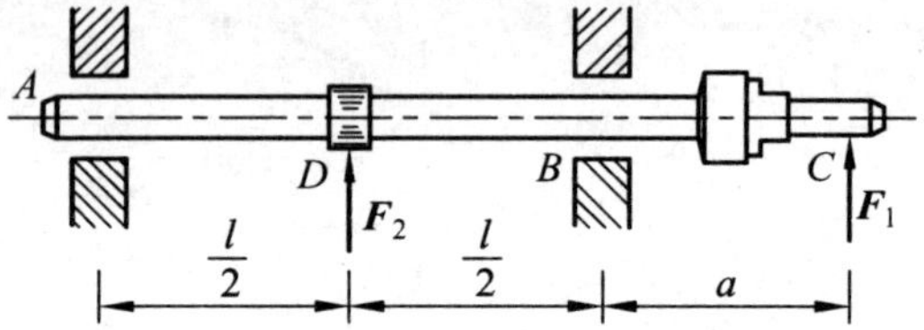

20. 图示一端外伸的轴在 C 处受飞轮自重 $G=20$ kN 的作用，轴材料的许用应力 $[\sigma]=120$ MPa，$E=200$ GPa，轴承 B 处的许用转角 $[\theta]=0.5°$。试设计轴的直径 d。

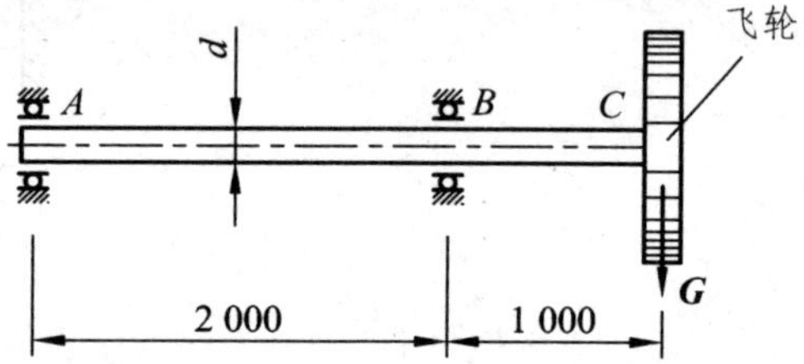

21. 一简支梁由 40a 号工字钢制成，其跨度 $l=8$ m，材料的弹性模量 $E=200$ GPa，许用应力 $[\sigma]=140$ MPa，许用挠度 $[f]=0.002\,5l$。考虑梁的自重，求梁在跨中点能承受多大的集中载荷 F_P。

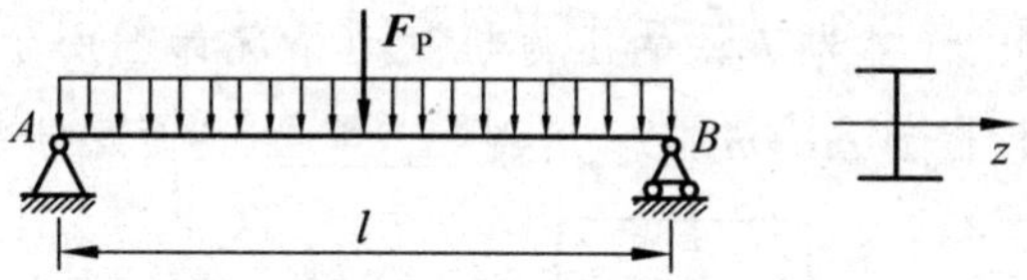

22. 试求图示静不定梁的约束反力并绘其剪力图和弯矩图。设梁的抗弯刚度 EI_z 为常数。

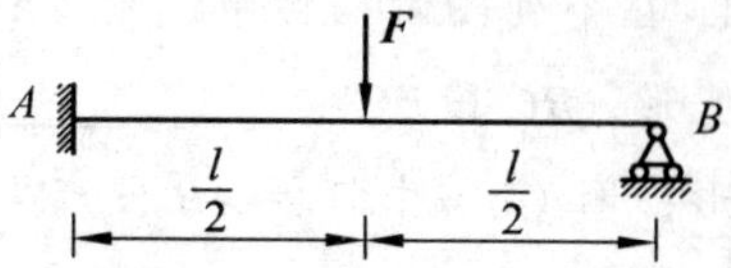

一、填空题

1. 在下列图示构件中，图（a）中杆件 *AB* 段产生________变形，*BC* 段产生________变形，*CD* 段产生________变形；图（b）中杆件 *AB* 段产生________变形，*BC* 段产生________变形，*CD* 段产生________变形；图（c）中杆件 *AB* 段产生________变形，*BC* 段产生________变形，*CD* 段产生________变形。

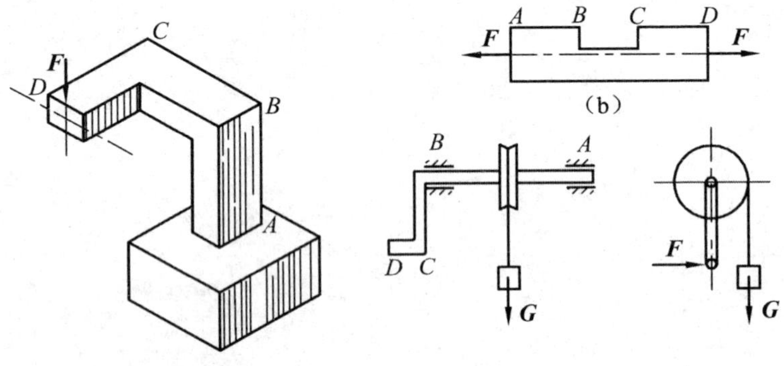

（a）　　（c）

2. 悬臂梁的纵向对称面内作用有一个与梁轴线平行但不重合的集中力，则该梁将产生________变形。

3. 拉弯组合变形，其拉伸产生的正应力在________面内________分布，其弯曲产生的正应力在________面上按________规律分布。

4. 材料为铸铁的压力机受力情况如图所示。从强度方面考虑，其横截面 *m*—*m* 应采用图________截面形状较为合理。

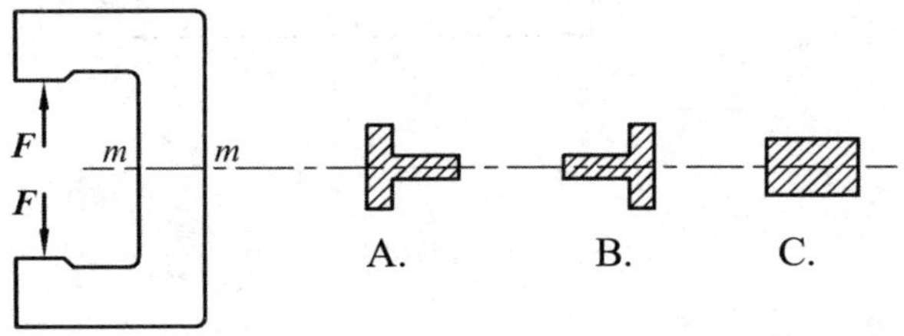

5. 若微元体某一截面上的________，则该截面称为主平面；主平面上的________称为主应力。

6. 一个微元体上有相互________的________对主平面，因此有________个主应力，它们按代数值大小的排列顺序是________、________和________。

7. 当微元体上只有一个主应力不为零时，称作________应力状态；当只有一个主应力为零时，称作________应力状态。

8. 试分别指出图示矩形截面简支梁中各指定点所对应的微元体。

1 点对应______；2 点对应______；3 点对应______；

4 点对应______；5 点对应______；6 点对应______。

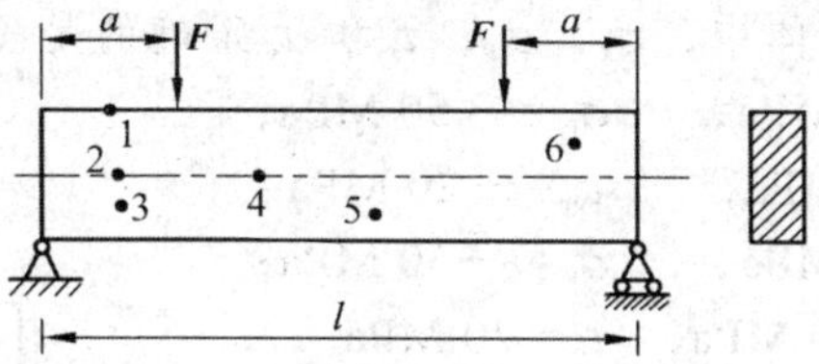

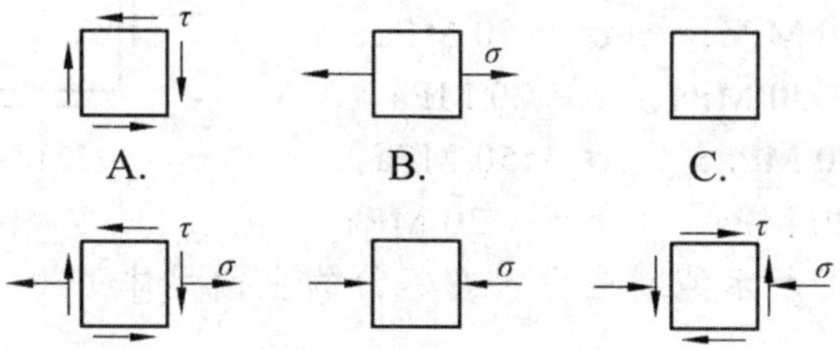

A.　　B.　　C.

D.　　E.　　F.

9. 圆截面杆的受力如图所示。与危险截面 A 上 a、b、c、d 分别对应的微元体应是：a 点对应＿＿＿＿；b 点对应＿＿＿＿；c 点对应＿＿＿＿；d 点对应＿＿＿＿。

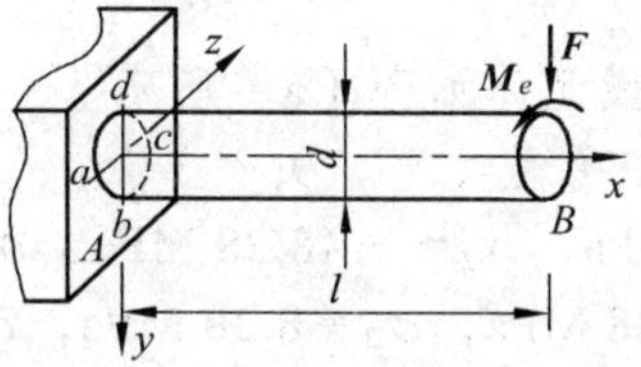

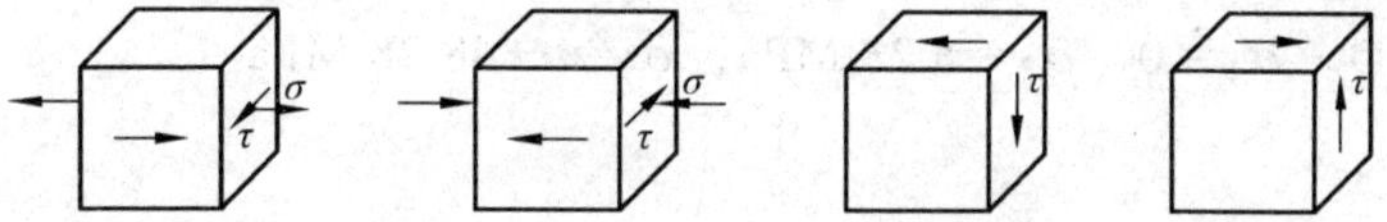

A.　　B.　　C.　　D.

10. 用脆性材料制成的圆轴扭转变形时，其破坏面与横截面成＿＿＿＿，在破坏面上作用有＿＿＿＿＿＿＿＿应力；用塑性材料制成的圆轴，在扭转变形时，其破坏面为＿＿＿＿＿＿，在破坏面上作用有＿＿＿＿＿＿＿＿应力。

11. 最大拉应力理论认为材料发生＿＿＿＿＿＿＿＿的主要因素是＿＿＿＿＿＿＿＿＿＿，适用于＿＿＿＿＿＿＿＿＿。

12. 最大切应力理论认为材料发生＿＿＿＿＿＿＿＿的主要因素是＿＿＿＿＿＿＿＿＿＿，适用于＿＿＿＿＿＿＿＿＿。

13. 分析计算组合变形强度问题的主要步骤是：＿＿＿＿＿＿、＿＿＿＿＿＿、＿＿＿＿＿＿和＿＿＿＿＿＿。

二、判断题

1. 圆形截面悬臂梁，其自由端只要作用有不与轴线垂直但与轴线相交的力，则该梁一定产生拉（压）弯组合变形。（　　）
2. 凡是组合变形的构件，其最大应力等于危险点处各种应力的代数和。（　　）
3. 相当应力是弯曲正应力与扭转切应力的矢量和。（　　）
4. 主平面上切应力最大。（　　）
5. 微元体上最大切应力所在截面上的正应力一定等于零。（　　）
6. 微元体上最大正应力平面与最小正应力平面相互垂直。（　　）

三、选择题

1. 图示偏心受拉杆，偏心距 $e=\dfrac{h}{6}$ 时，横截面上正应力的分布规律是（　　）。

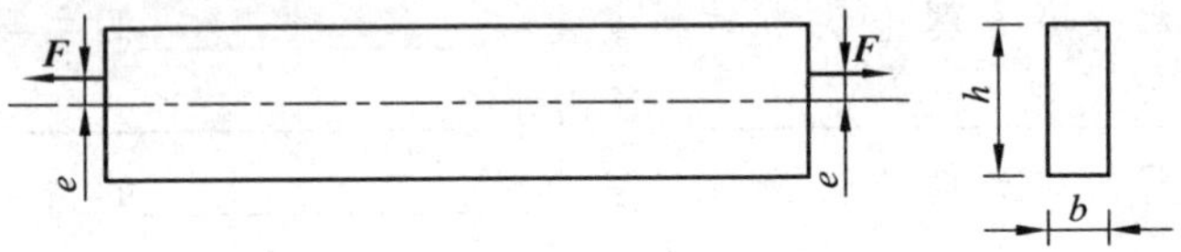

A.　　B.　　C.　　D.

2. 图示三种受拉杆件，它们的最大拉应力分别用 $\sigma_{1\max}$、$\sigma_{2\max}$、$\sigma_{3\max}$ 表示，则这些最大拉应力之间的关系是（　　）。

A. $\sigma_{1\max}=\sigma_{2\max}=\sigma_{3\max}$　　B. $\sigma_{1\max}>\sigma_{2\max}=\sigma_{3\max}$

C. $\sigma_{1\max}=\sigma_{2\max}<\sigma_{3\max}$　　D. $\sigma_{1\max}=\sigma_{2\max}>\sigma_{3\max}$

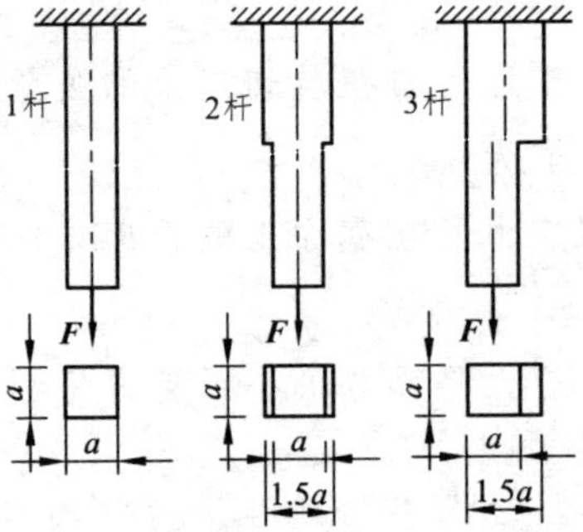

3. 在图示微元体中，σ_x、σ_y、τ_x 和 τ_y 正确的是（　　）。

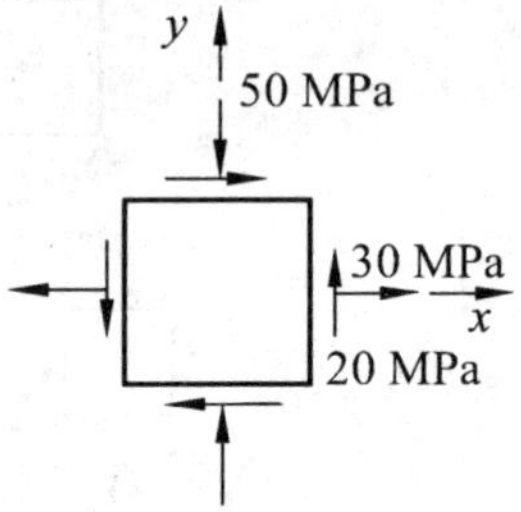

A. $\sigma_x=30$ MPa，　$\sigma_y=-50$ MPa；
　 $\tau_x=20$ MPa，　$\tau_y=-20$ MPa

B. $\sigma_x=30$ MPa，　$\sigma_y=-50$ MPa；
　 $\tau_x=-20$ MPa，　$\tau_y=20$ MPa

C. $\sigma_x=30$ MPa，　$\sigma_y=50$ MPa；
　 $\tau_x=-20$ MPa，　$\tau_y=20$ MPa

D. $\sigma_x=30$ MPa，　$\sigma_y=50$ MPa；
　 $\tau_x=20$ MPa，　$\tau_y=-20$ MPa

4. 与图（a）所示纯切应力状态等价的主微元体是（　　）。

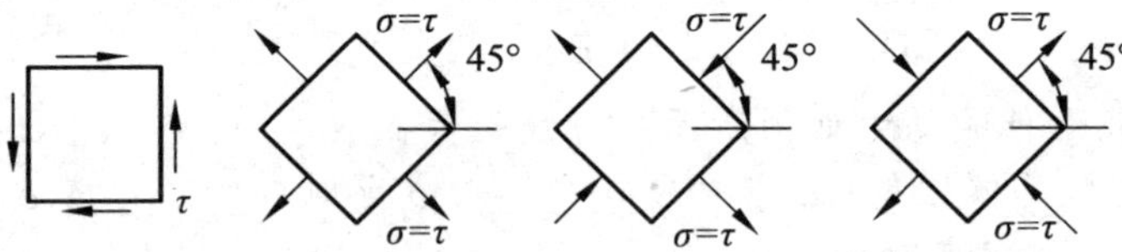

A.　　B.　　C.

5. 二向应力状态的微元体如图（a）所示。

（1）该微元体的主应力是（　　）；

A. $\sigma_1=8.28$ MPa，$\sigma_2=-48.28$ MPa，$\sigma_3=0$

B. $\sigma_1=-48.28$ MPa，$\sigma_2=8.28$ MPa，$\sigma_3=0$

C. $\sigma_1=8.28$ MPa，$\sigma_2=0$，$\sigma_3=-48.28$ MPa

D. $\sigma_1=0$，$\sigma_2=8.28$ MPa，$\sigma_3=-48.28$ MPa

（2）在用主微元体表示该应力状态时，如图（b）所示，其正确的形式是（　　）；

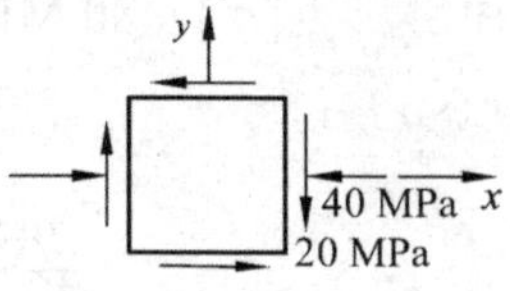

（a）

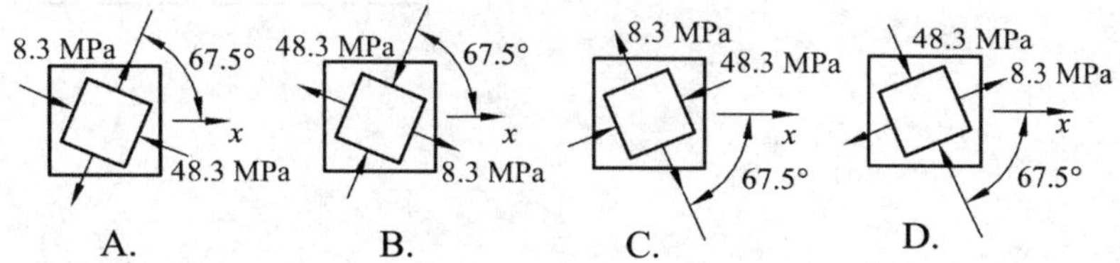

（b）

（3）该微元体的最大切应力 τ_{max} 是（　　）。

A. $\dfrac{\sigma_1-\sigma_2}{2}=4.14$ MPa　　B. $\dfrac{\sigma_1}{2}=4.14$ MPa

C. $\dfrac{\sigma_1-\sigma_3}{2}=28.28$ MPa　　D. $\dfrac{\sigma_2-\sigma_3}{2}=24.14$ MPa

6. 图示各微元体的应力单位均为 MPa，它们的主应力和最大切应力分别是：

（a）微元体：$\sigma_1=$______，$\sigma_2=$______，$\sigma_3=$______，$\tau_{max}=$______。

（b）微元体：$\sigma_1=$______，$\sigma_2=$______，$\sigma_3=$______，$\tau_{max}=$______。

（c）微元体：$\sigma_1=$______，$\sigma_2=$______，$\sigma_3=$______，$\tau_{max}=$______。

（d）微元体：$\sigma_1=$______，$\sigma_2=$______，$\sigma_3=$______，$\tau_{max}=$______。

A. 80 MPa　B. －80 MPa　C. 50 MPa　D. －50 MPa

E. 0　F. 40 MPa　G. 65 MPa　H. －65 MPa

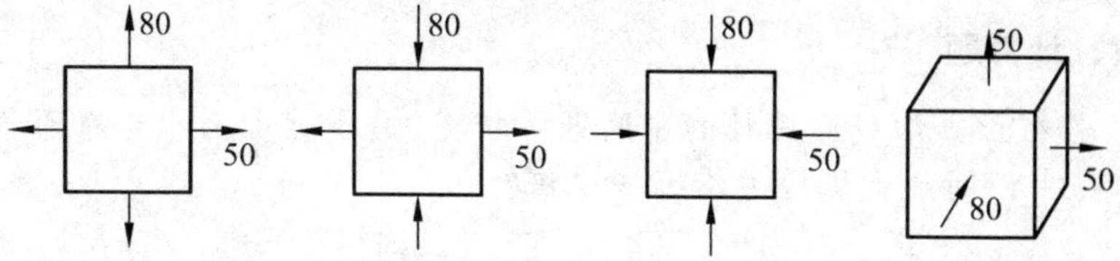

（a）　（b）　（c）　（d）

7. 受力构件危险点处的应力状态如图所示。材料为 Q235 钢，许用应力为[σ]和[τ]。对该点进行强度校核时，下列强度条件表达式中正确的是（　　）。

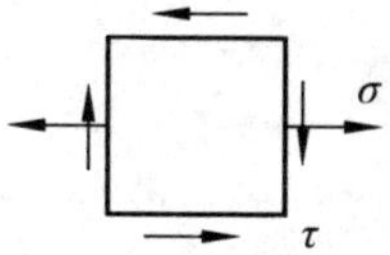

A. $\sigma\leqslant[\sigma]$

B. $\sqrt{\sigma^2+4\tau^2}\leqslant[\sigma]$ 或 $\sqrt{\sigma^2+3\tau^2}\leqslant[\sigma]$

C. $\tau\leqslant[\tau]$

D. $\sigma\leqslant[\sigma]$，$\tau\leqslant[\tau]$

8. 四种应力状态的微元体如图所示（图中应力单位均为 MPa）。按最大切应力理论，它们的相当应力分别是（　　）。

（a）$\sigma_{r3}=$（　　）　　（b）$\sigma_{r3}=$（　　）

（c）$\sigma_{r3}=$（　　）　　（d）$\sigma_{r3}=$（　　）

A. 120 MPa　　B. 220 MPa

C. 134MPa　　D. 130 MPa

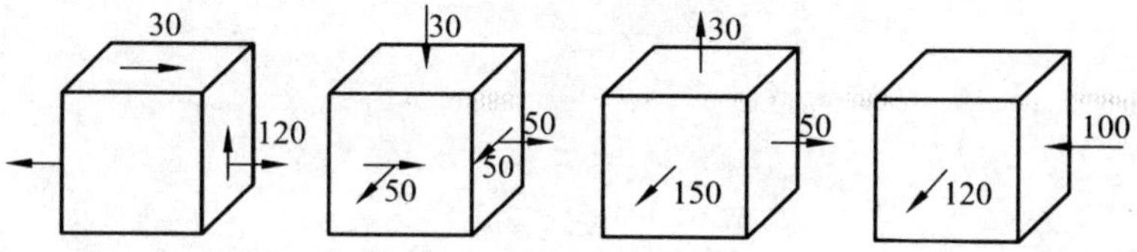

（a）　（b）　（c）　（d）

四、计算题

1. 若在正方形截面短柱的中间开一切槽，其横截面面积为原面积的一半，问最大压应力增大多少倍？

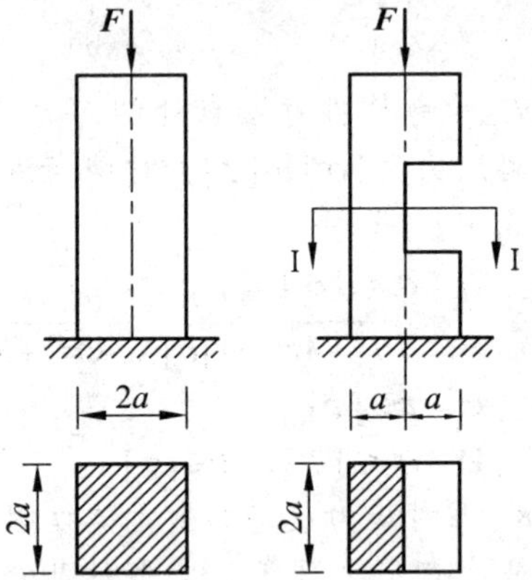

2. 图示简支梁 AB 上受载荷 $F_P = 20$ kN 的作用，梁的跨度 $l = 2.5$ m，横截面为矩形，其高度 $h = 100$ mm，宽度 $b = 60$ mm。若已知 $\alpha = 30°$，材料的许用应力 $[\sigma] = 80$ MPa，试校核此梁的强度。

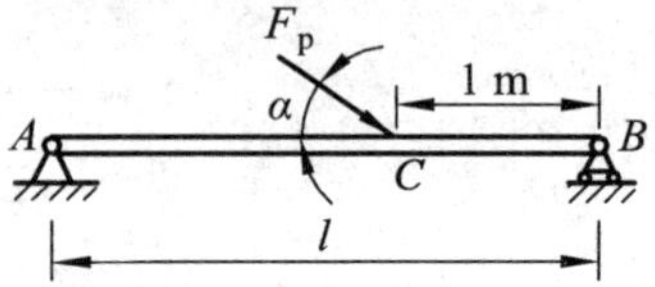

3. 悬臂式起重机由工字钢 AB 及圆截面钢拉杆 BC 组成。已知 AB 梁采用 16 号工字钢，BC 杆的直径 $d = 25$ mm，起重载荷 $F_P = 24$ kN，$l = 2$ m。若材料的许用应力均为$[\sigma] = 100$ MPa，B 处支承可近似地视为铰接，支承反力的作用线通过两杆轴线的交点，试校核该结构的强度。

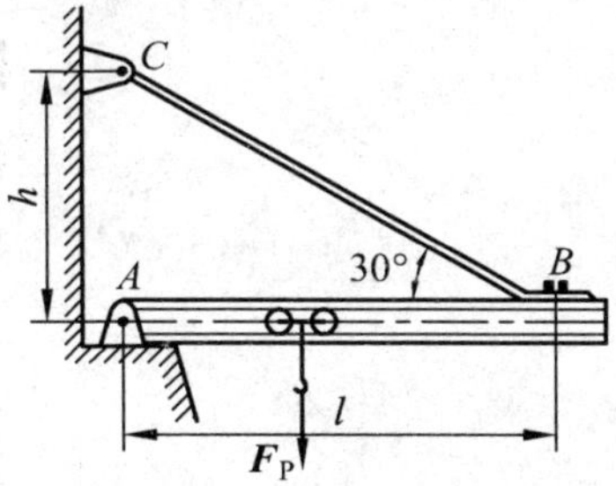

4. 已知铸铁构件上危险点处的应力状态如图所示（单位：MPa）。若铸铁的拉伸许用应力$[\sigma]^+ = 30$ MPa，试校核该点的强度。

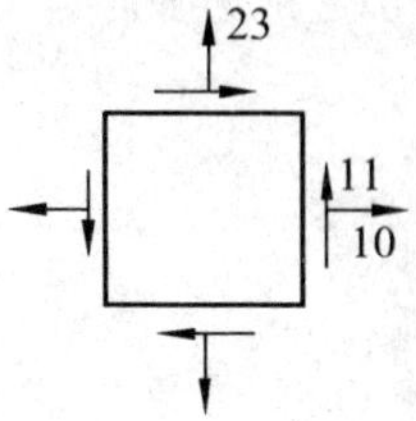

5. 某构件上危险点处的应力状态如图所示，其中σ= 116.7 MPa，τ= 46.3 MPa。材料为钢，许用应力$[\sigma]$ = 160 MPa。试校核此结构是否安全。

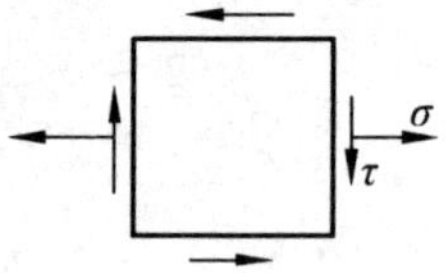

6. 已知电动机功率 P = 9 kW，转速为 n = 715 r/min。带轮直径 D = 250 mm，电机外伸部分长度 l = 120 mm。轴的直径 d = 40 mm，轴材料的许用应力$[\sigma]$ = 80 MPa。试用最大切应力理论校核电机轴的强度。

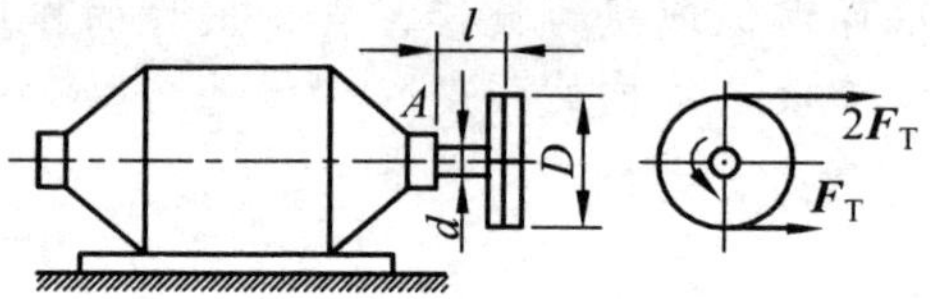

7. 图示为装在外径为 $D=60$ mm 空心圆柱上的铁道标志牌，所受最大风载荷 $p=2$ kPa，柱材料的许用应力 $[\sigma]=60$ MPa。试按形状改变比能理论设计圆柱的内径 d。

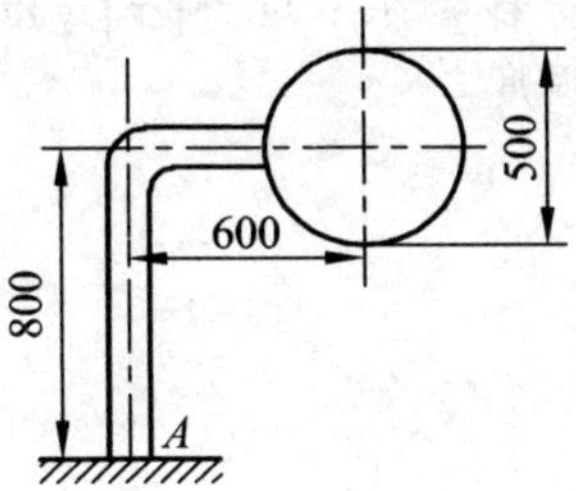

8. 一曲柄轴位于水平面内，$AB \perp BC$，AB 段为圆截面，A 端可视为固定端，C 端受一铅直向下的载荷 F_P，如图所示。已知 AB 轴的直径 $d=100$ mm，材料的许用应力 $[\sigma]=80$ MPa。试按最大切应力理论确定许可载荷 $[F_P]$。

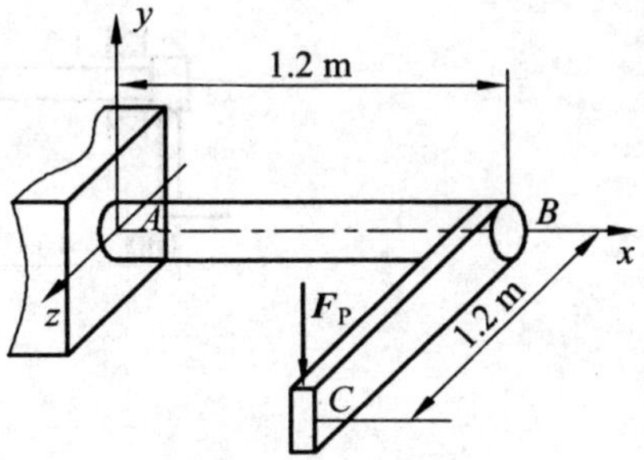

9. 手摇绞车如图所示。轴的直径 $d=30$ mm，其材料的许用应力 $[\sigma]=80$ MPa，载荷 $F_P=800$ N。试按最大切应力理论校核轴的强度。

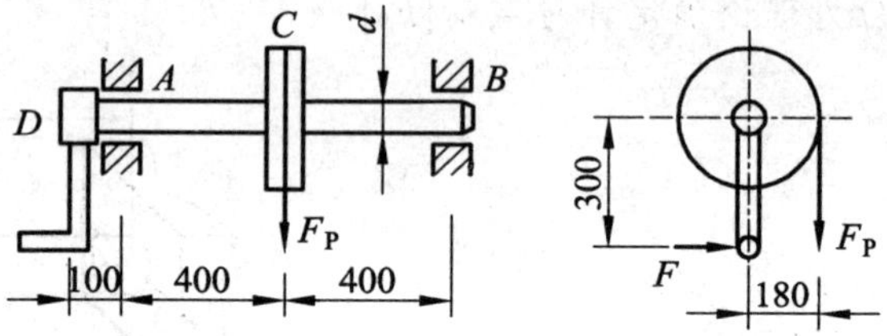

△10. 装有齿轮和皮带轮的传动轴如图所示。传递功率 $P=7$ kW，转速 $n=200$ r/min，齿轮压力角 $\alpha=20°$，轴的直径 $d=50$ mm。若轴材料的许用应力 $[\sigma]=80$ MPa，试按最大切应力理论校核该轴的强度。

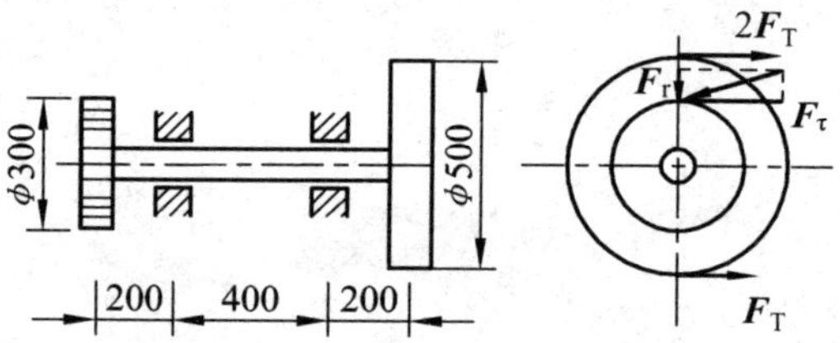

△11. 某传动轴上安装有两个皮带轮，直径均为 $D = 200\ \text{mm}$，皮带的拉力 $F_{T1} = 10\ \text{kN}$，$F_{T2} = 4\ \text{kN}$。其中轮 E 皮带位于水平位置，轮 F 皮带位于铅垂位置。若轴的直径 $d = 80\ \text{mm}$，其材料的许用应力$[\sigma] = 80\ \text{MPa}$，试按最大切应力理论校核此轴的强度。

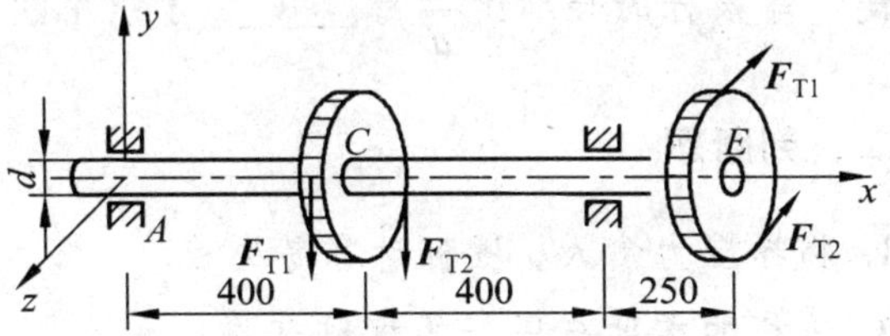

一、填空题

1. 在轴向压力作用下，压杆不能保持其原有直线平衡形式而突然弯曲的现象，称为＿＿＿＿＿＿＿＿。

2. 细长压杆的直线平衡形式是否稳定，取决于＿＿＿＿＿＿＿的大小。当其达到某一特定值时，压杆将处于由稳定平衡向＿＿＿＿＿＿＿＿＿过渡的＿＿＿＿＿＿状态，该特定值称为＿＿＿＿＿＿。该值越＿＿＿＿＿，压杆越＿＿＿＿＿＿失稳。

3. 临界应力的欧拉公式是假定材料处于＿＿＿＿＿＿＿＿＿范围内而导出的。所以，使用该公式时应满足 σ_{cr}＿＿＿＿＿σ_p，进而可写成 λ＿＿＿＿＿λ_p。工程中将满足该条件的杆件称为＿＿＿＿＿＿＿＿＿＿或称为＿＿＿＿＿＿。

4. 反映临界应力与柔度之间函数关系的曲线称为＿＿＿＿＿。从图中可以看出 λ 值越＿＿＿＿＿，临界应力值越＿＿＿＿＿。因此，提高压杆稳定性的关键是＿＿＿＿＿＿λ 值。

5. 计算压杆的临界应力时，应首先计算＿＿＿＿值，当＿＿＿＿＿＿＿＿＿＿时才能应用欧拉公式计算。

6. 圆截面细长压杆，若其他条件不变，当直径增加一倍，则临界力是原来的＿＿＿＿倍。

7. 细长压杆若其他条件不变，当长度增加一倍，则临界力是原来的＿＿＿＿倍。

8. 为了充分发挥压杆在稳定性方面的潜力，应使压杆各个纵向平面内的 λ 值＿＿＿＿＿＿。

9. 用 Q235 钢制成的圆截面杆，长为 l，直径为 d，两端均为球铰链。当该杆的长细比 $\frac{l}{d}=$＿＿＿＿才能用欧拉公式计算临界力。

二、判断题

1. 临界应力愈大，压杆愈容易失稳。（　　）
2. 压杆的柔度与压杆的材料有关。（　　）
3. 计算压杆临界力的公式是欧拉公式。（　　）
4. 矩形截面压杆总是在 λ 值大的纵向平面内失稳。（　　）
5. 两压杆的材料、长度以及两端支承均相同，则它们的临界应力也相同。（　　）
6. 细长压杆不宜采用高强度钢来提高其稳定性。（　　）
7. 提高压杆稳定性的措施，实际上就是如何增大柔度的措施。（　　）

三、单项选择题

1. 关于细长压杆的临界应力 σ_{cr}，下列说法正确的是（　　）。
   A. 临界应力 σ_{cr} 与压杆横截面面积无关，与材料无关
   B. 临界应力 σ_{cr} 与压杆横截面面积无关，与材料有关

C. 临界应力σ_{cr}与压杆横截面面积及材料有关，与其他因素无关

D. 临界应力σ_{cr}的值不应大于压杆材料的比例极限

2. 下列说法正确的是（　　）。

A. 柔度与压杆的材料、长度、截面形状和尺寸以及支承情况有关

B. 若压杆的实际工作压力不大于该压杆的临界压力，则压杆稳定性足够

C. 受压杆件丧失承载能力，均由失稳引起

D. 压杆临界应力的大小可以反映压杆稳定性的好坏

3. 柔度λ与临界应力σ_{cr}的关系，下列说法正确的是（　　）。

A. 临界应力σ_{cr}的值随柔度λ的值增大而增大

B. 临界应力σ_{cr}的值随柔度λ的值增大而减小

C. 中、小柔度杆的临界应力σ_{cr}与柔度λ的值无关

D. 大柔度杆的临界应力σ_{cr}与柔度λ的值无关

4. 在材料、杆长、支承情况相同的条件下，以下结论正确的是（　　）。

A. 压杆横截面面积愈大，则临界应力就愈大

B. 压杆横截面面积愈小，则临界应力就愈大

C. 压杆的回转半径愈大，则临界应力就愈大

D. 压杆的回转半径愈小，则临界应力就愈大

5. 图示截面形状的压杆，设两端为球铰支承，则失稳时下列判断正确的是（　　）

A. 圆截面绕x轴转动　　B. 圆截面绕y轴转动

C. 矩形截面绕y轴转动　　D. 工字形截面绕y轴转动

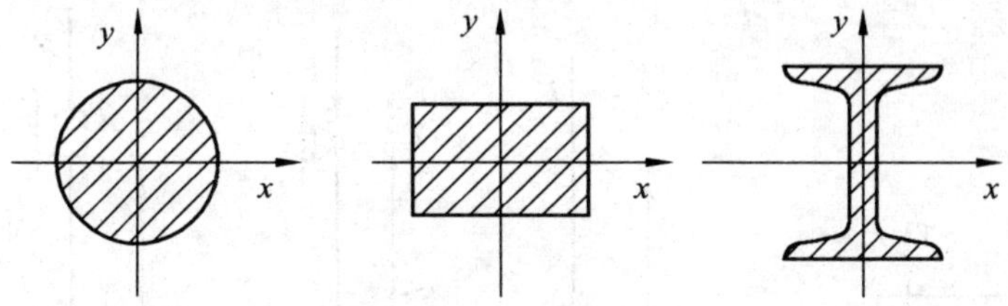

（a）　（b）　（c）

6. 图示为四根材料相同、直径相等的杆件。承载能力大的是（　　）杆。

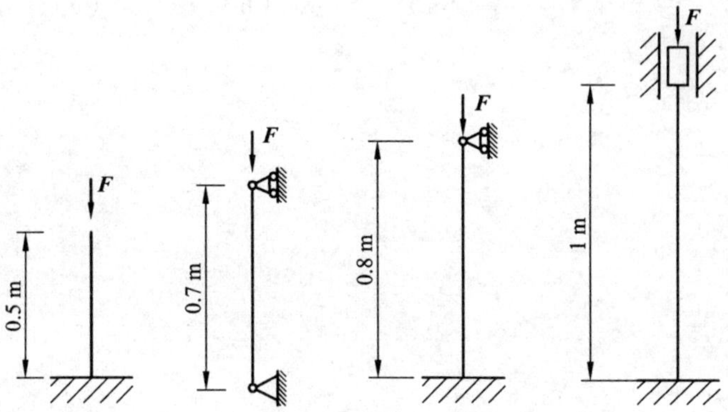

A.　B.　C.　D.

四、计算题

1. 三根长度、截面面积相同的压杆，$l = 300$ mm，$b = 12$ mm，$h = 20$ mm，材料为 Q235 钢，$E = 206$ GPa。试求三种支承情况下压杆的临界力各为多少？

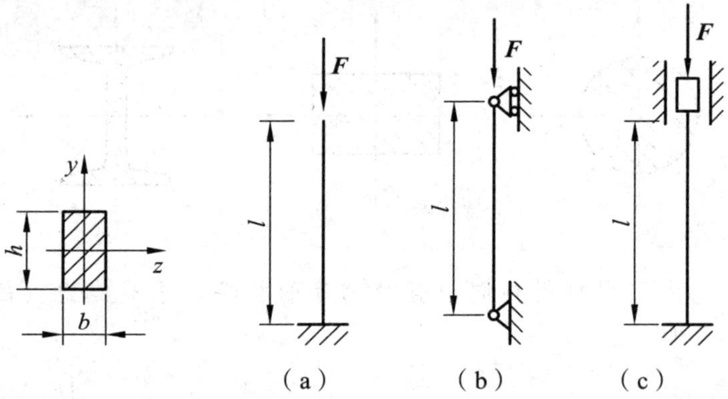

2. 图示压杆的材料为 Q235 钢，$E = 206$ GPa，横截面有四种几何形状，但其面积均为 $3.6 \times 10^3\ \text{mm}^2$。试计算它们的临界应力，并比较它们的稳定性。

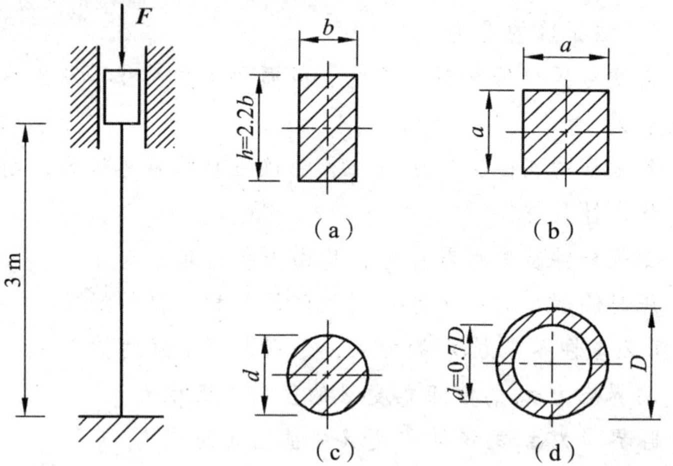

3. 25a 号工字钢压杆，材料为 A5 钢，$E = 206$ GPa，长度 $l = 7$ m，两端固定，规定稳定安全系数 $[n]_{st} = 2$。试求钢杆的许可轴向载荷 F。

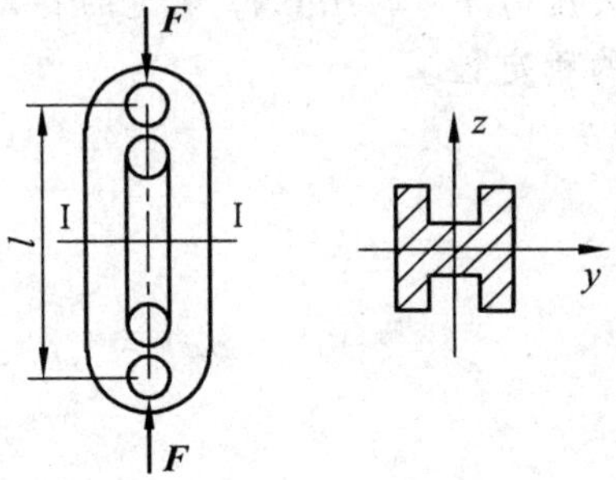

4. 五根钢杆用铰链连接成正方形结构，杆的材料为 Q235 钢，$E = 206 \times 10^3$ MPa，许用应力 $[\sigma] = 140$ MPa，各杆直径 $d = 40$ mm，除 BD 杆外，各杆长 $a = 1$ m。规定的稳定安全系数 $[n]_w = 2$，试求最大许可载荷 F。若图中两 F 力方向向内时，最大许可载荷 F 为多少？

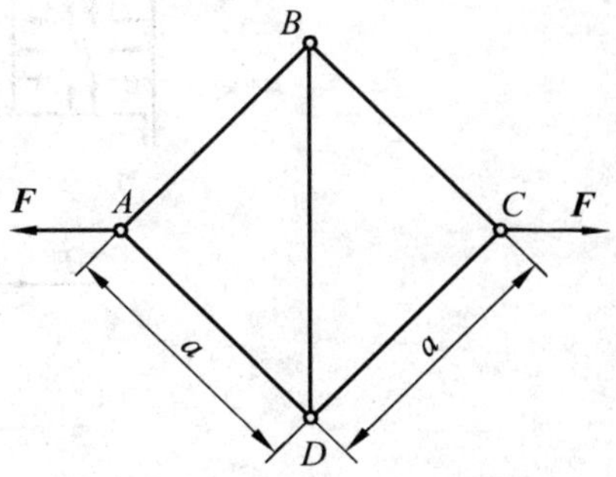

5. 图示蒸汽机的活塞杆 AB，受活塞传给的轴向压力 $F = 100$ kN 作用，活塞杆长 $l = 1$ m，截面为圆形，$d = 50$ mm。材料为 Q235 钢，$E = 206\times10^3$ MPa，规定的稳定安全系数 $[n]_w = 4$。试校核活塞杆的稳定性。

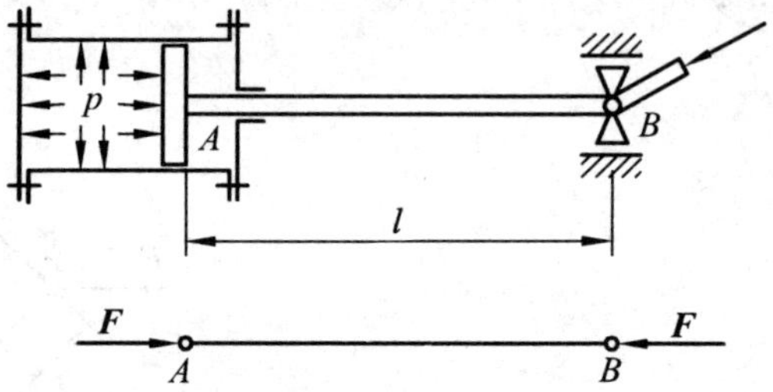

6. 某柴油机的挺杆两端铰接，长度 $l = 257$ mm，圆形横截面的直径 $d = 8$ mm，钢材的 $E = 210$ GPa，$\sigma_p = 240$ MPa。挺杆所受的最大压力 $F = 1.76$ kN，规定的稳定安全系数 $[n]_w = 2.5$。试校核挺杆的稳定性。

7. 轴向受压杆件由 32a 工字钢制成。在 xz 轴平面内弯曲时（截面绕 y 轴转动），杆两端视为固结；在 xy 轴平面内弯曲时(截面绕 z 轴转动)，杆端支承可视为一端固定、一端自由。杆长 $l=5$ m，材料为 Q235 钢，规定的稳定安全系数 $[n]_w=2$。试确定压杆的许可载荷。

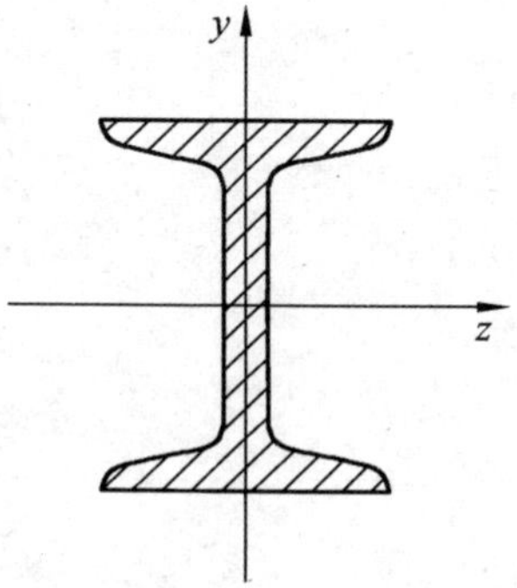

8. 图示托架中 AB 杆两端为铰链连接，长度 $l=800$ mm，截面为圆形，直径 $d=40$ mm，材料为 Q235 钢。规定的稳定安全系数 $[n]_w=2$。横梁可视为刚性的，试求此托架的许可载荷。

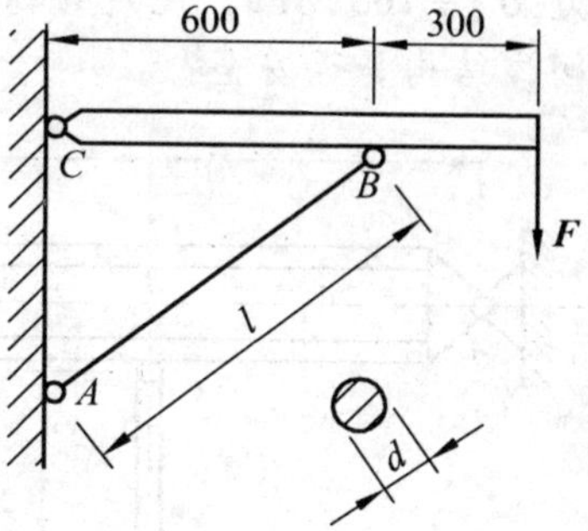

9. 图示结构中，AB 梁由 14 号工字钢制成。CD 杆为圆截面杆，$d = 20$ mm，材料均为 Q235 钢，A、C、D 处均为铰链连接。已知 $F = 25$ kN，$\alpha = 30°$，$a = 1\,250$ mm，$b = 550$ mm，材料的许用应力 $[\sigma] = 165$ MPa，规定的稳定安全系数 $[n]_w = 2$，$E = 206$ GPa。问该结构是否安全？

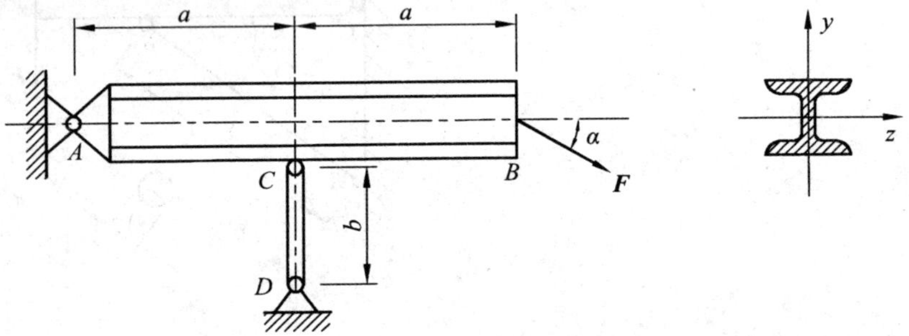

一、填空题

1. 动点运动方程表示动点在空间的＿＿＿＿＿随＿＿＿＿＿＿变化的关系。

2. 弧坐标、路程、位移三个概念分别是：弧坐标＿＿＿＿＿＿＿＿＿＿＿＿＿＿；路程＿＿＿＿＿＿＿＿＿＿＿＿＿＿＿＿；位移＿＿＿＿＿＿＿＿＿＿＿＿＿＿＿＿＿＿＿＿＿＿＿＿。

3. 点做曲线运动时，法向加速度 a_n 表示＿＿＿＿＿＿＿＿＿变化率；切向加速度 a_τ 表示＿＿＿＿＿＿＿＿＿变化率。

4. 如果点运动的任何瞬时 $a_\tau=0$，则点做＿＿＿＿＿＿＿＿运动；如果点运动的任何瞬时 $a_n=0$，则点做＿＿＿＿＿＿运动；如果点运动的任何瞬时 $a_n=0$，$a_\tau=0$，则点做＿＿＿＿＿＿＿＿运动；如果点运动的任何瞬时 $a_n=0$，$a_\tau=C$（C 为常数），则点做＿＿＿＿＿＿运动。

5. 应用质点动力学基本方程可以解决＿＿＿＿＿＿＿＿＿＿＿＿和＿＿＿＿＿＿＿＿＿＿＿＿＿＿＿＿两类基本问题。

6. 质点惯性力的大小等于＿＿＿＿＿＿＿＿＿，方向＿＿＿＿＿＿＿＿＿＿＿＿＿＿＿＿，作用在＿＿＿＿＿＿＿＿＿＿＿＿。

7. 列车沿曲线轨道运行时，为保证行车安全，轨道的外轨应＿＿＿＿＿＿＿＿＿＿。

二、判断题

1. 若点的加速度为零，则该点一定静止。（　　）

2. 点做曲线运动时，位移是矢量；点做直线运动时，位移不是矢量。（　　）

3. 若点的加速度方向与速度方向相同，则该点一定做加速运动。（　　）

4. 点做曲线运动时，全加速度方向一定与速度方向一致。（　　）

5. 点运动时，若瞬时速度为零，则该瞬时加速度必为零。（　　）

6. 点做直线运动时，位移的大小总是等于路程。（　　）

7. 若点的运动方程为 $s=bt^2+c$（b，c 为常数），则点的运动轨迹一定为一条曲线。（　　）

8. 质点的运动方向，一定与质点所受的合力方向相同。（　　）

9. 质点运动速度很大时，受力也一定很大。（　　）

10. 做曲线运动的质点可以不受任何力的作用。（　　）

11. 物体的惯性不会随物体的运动状态变化而变化。（　　）

12. 列车制动时，第一节车厢的挂钩受力最大。（　　）

三、单项选择题

1. 点做曲线运动时，若速度大小不变，则（　　）。

　A. 其加速度一定为零　　B. 其加速度不一定为零

　C. 其加速度一定不为零　　D. 其加速度方向不变

2. 点做曲线运动时，若某瞬时速度为零，则（　　）。
   A. 其加速度一定为零
   B. 其加速度不一定为零
   C. 其加速度一定不为零
   D. 切向加速度为零，法向加速度不为零
3. 点做匀速曲线运动时，以下结论正确的是（　　）。
   A. $a=a_\tau$　　B. $a=a_n$　　C. $a=0$　　D. $a=\sqrt{a_\tau^2+a_n^2}$
4. 下面四种说法正确的是（　　）。
   A. $a_\tau=0$，$a_n=0$，动点静止
   B. $a_\tau=0$，$a_n\neq0$，动点做直线运动
   C. $a_\tau\neq0$，$a_n=0$，动点做匀速曲线运动
   D. $a_\tau\neq0$，$a_n\neq0$，动点做变速曲线运动
5. 图示两种情况，不计摩擦和绳与滑轮的质量，则下列判断正确的是（　　）。
   A. $a_1<a_2$　　B. $a_1>a_2$
   C. $a_1=a_2$　　D. 无法确定

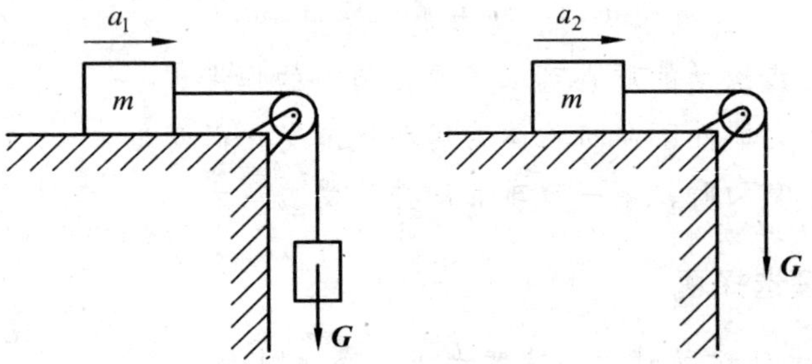

四、计算题

1. 点沿直线运动，其运动方程为 $s=t^3-12t+2$（式中，s 的单位为 m，t 的单位为 s）。试求：
（1）最初 3 s 内的位移；
（2）改变运动方向的时刻和所在位置；
（3）最初 3 s 内经过的路程；
（4）$t=3$ s 时的速度和加速度；
（5）点在哪段时间做加速运动，哪段时间做减速运动？

2. 转动导杆机构如图所示，由摇杆 BC、滑块 A 和曲柄 OA 组成，已知 $OA=OB=r$，BC 杆绕 B 轴转动，并通过滑块 A 在 BC 杆上滑动带动 OA 杆绕 O 轴转动，角度 φ 与时间的关系是 $\varphi=2t^3$，φ 的单位为 rad，t 的单位为 s。试用自然法写出 A 点的运动方程。

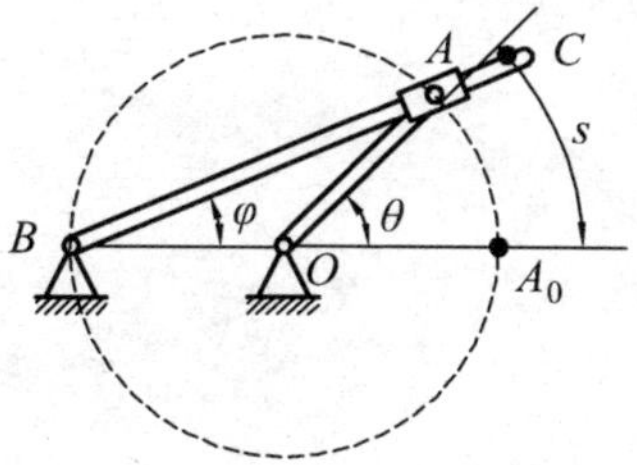

3. 曲柄连杆机构如图，曲柄 OB 逆时针方向转动，角 $\varphi=\omega t$（角速度 ω 为常量）。已知：$AB=OB=R$，$BC=L$，且 $L>R$。试求连杆 AC 上 C 点的运动方程和轨迹方程。如 $L=R$，C 点的运动方程和轨迹将如何？

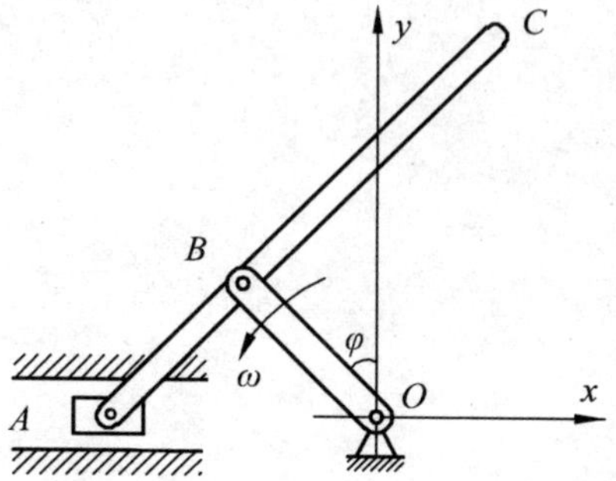

4. 点沿半径 $r = 1\ 000$ m 的圆弧运动，其运动方程为 $s = 40t - t^2$（式中 s 的单位为 m，t 的单位为 s）。求当 $s = 400$ m 时，点的速度和加速度。

5. 列车在半径 $R = 300$ m 的轨道上匀加速运动，轨道的曲线长 $s = 200$ m，列车开始进入曲线时的速率为 $v_0 = 36$ km/h，离开时的速率为 $v = 54$ km/h。求列车在离开曲线时的加速度值。

6. 图示吊车以 1 m/s 的速度沿水平方向行驶，并以 0.5 m/s^2 的加速度由静止开始向上吊起重物。若取重物开始向上运动时的位置为原点，求重物的运动方程、轨迹和第 2 s 末的速度。

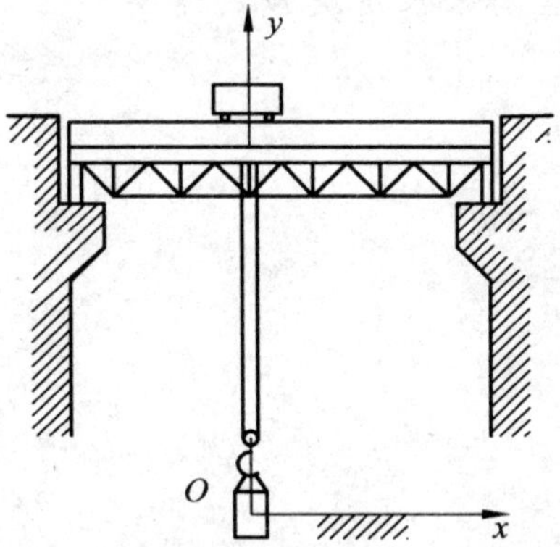

7. 飞轮加速转动时轮缘上一点按 $s=0.1t^3$ 的规律运动（t 以 s 计，s 以 m 计），飞轮半径 $R=0.5$ m，当此点的速度 $v=30$ m/s 时，求该点的切向和法向加速度。

8. 飞轮轮缘上一点，某瞬时具有圆周速度 10 m/s，当这个速度以 60 m/s^2 的速率减小时，如果点在此瞬时的全加速度为 100 m/s^2，求飞轮的半径。

9. 图示杆 OA、O_1B 分别绕 O 和 O_1 轴转动，用十字滑块将两杆连接，在运动过程中，两杆保持相交成直角。已知 $OO_1=a$，$\angle AOO_1=\varphi=kt$，式中 k 为常量。试分别用直角坐标法和自然坐标法求滑块 D 的速度。

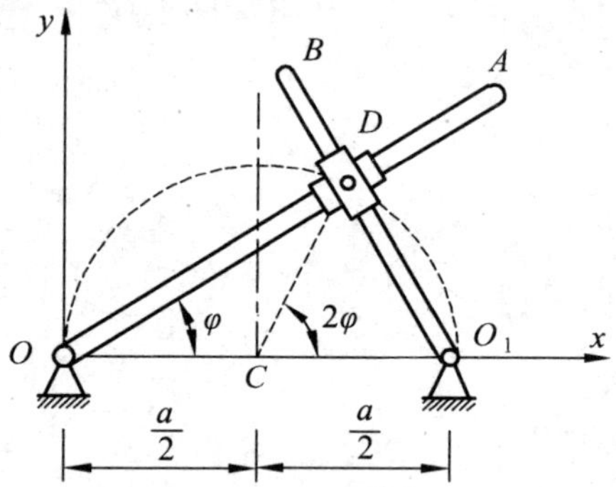

10. 质量为 3 kg 的滑块 A，当它以 3 m/s 的速度沿倾斜的固定杆向下滑动时，在滑块上沿水平方向持续加一力 F（力 F 与斜杆位于同一铅垂面内），F 力作用后滑块继续向下滑动 1 m 后停止下滑。不计滑块与杆之间的摩擦，求 F 力的大小。

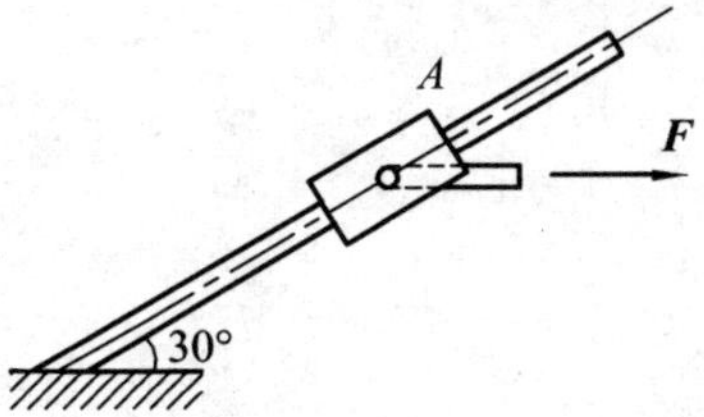

11. 电梯质量 $m=480$ kg，上升时，其速度变化如图所示，求在时间 0~2 s、2~8 s、8~10 s 这三个阶段内，钢丝绳所受的拉力。

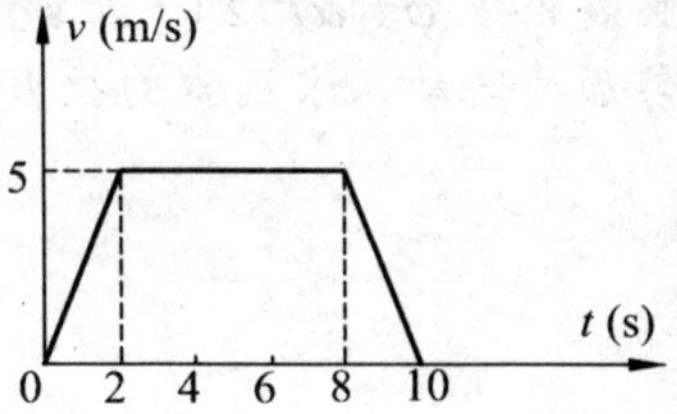

12. 如图所示，绞车沿斜面提升质量为 m 的物体 A，已知斜面的倾角为 θ，斜面与重物间的滑动摩擦因数为 f，若绞车鼓轮半径为 r，且鼓轮按 $\varphi=\alpha t^2/2$（t 以 s 计，φ 以 rad 计，α 为常量）的规律做匀加速转动，求钢索的拉力。

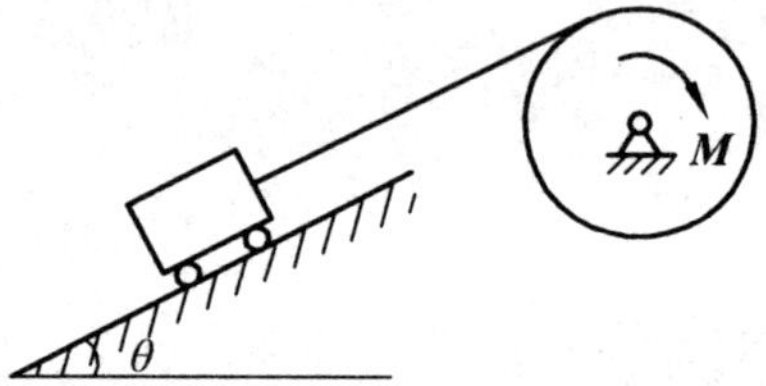

13. 一质量为 m 的物块放在匀速转动的水平转台上，其重心距转轴的距离为 r。如物块与台面之间的摩擦因数为 f，求物块不致因转台旋转而滑出的最大速度。

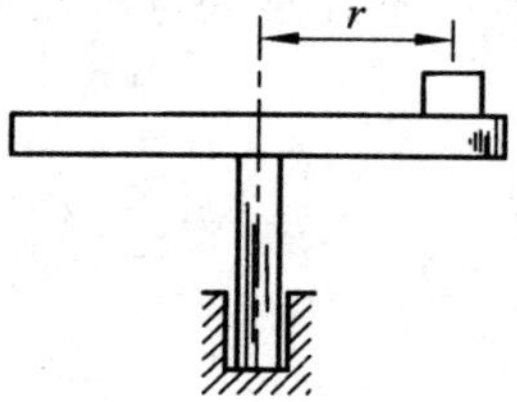

14. 列车以 72 km/h 的速度在水平轨道上行驶，设制动时每吨列车所受阻力为 250 N，问列车在制动后经过多长时间、多长距离才停止？

15. 道路工人用 250 N 的力推动质量为 6×10^3 kg 的平台车沿水平直线轨道前进。走了 20 m 后，工人放手让平台车自行运动。假定平台车在运动时所受的阻力等于 150 N，试求其最大速度和停止前所走的全部路程。

16. 列车（不连机车）质量为 $2\,940\times10^3$ kg，以机车牵引由静止经 5 min 后获得 54 km/h 的速度。设作用在列车上的全部阻力为列车重量的 0.25%，求机车作用在列车上的牵引力。（设牵引力为常数）

17. 载重小车的质量 $m=70$ kg，以 $v=1.6$ m/s 的速度沿缆车轨道下降，如图所示，轨道的倾角 $\alpha=30°$，小车与轨道间的动摩擦因数 $f=0.15$，求小车匀速下降时缆绳的张力。又设小车从开始制动到停止的时间为 $t=4$ s，求此时缆绳的张力。（制动时小车做匀减速运动）

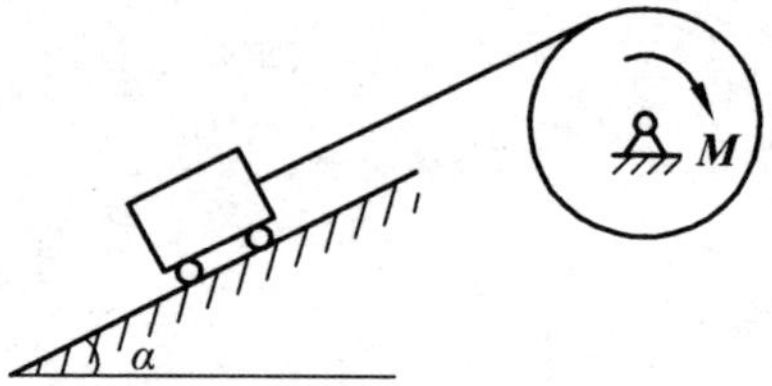

一、填空题

1. 刚体的基本运动形式包括________和________两种。

2. 刚体平行移动时，其上各点的________都相同且相互平行；在同一瞬时，所有各点都具有相同的________和________；因此，刚体的平行移动可以归结为________来研究。

3. 在同一瞬时，定轴转动刚体上各点的速度大小与其转动半径成______比，其方向与转动半径______。

4. 刚体的转动惯量是________________的度量。

5. 刚体的转动惯量不仅与刚体质量的________有关，还与质量的________有关。

6. 如图所示，一等直杆由铁质和木质两段组成，两段长度相等并都可视为匀质，在图示三根轴中，此杆对______轴的转动惯量最大，对______轴的转动惯量最小。

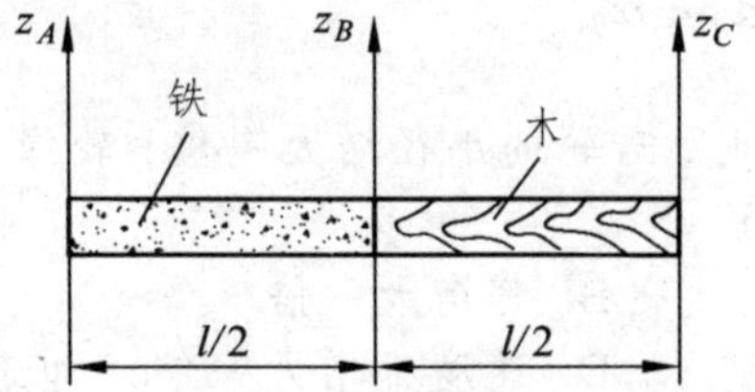

7. 如图所示，两匀质圆盘质量相同，直径 $D_1 < D_2$，则______图示圆盘对其轴线的转动惯量较大；如它们以相同的角速度转动时，开始受到相同的阻力矩作用，则______图示圆盘将先停止转动。

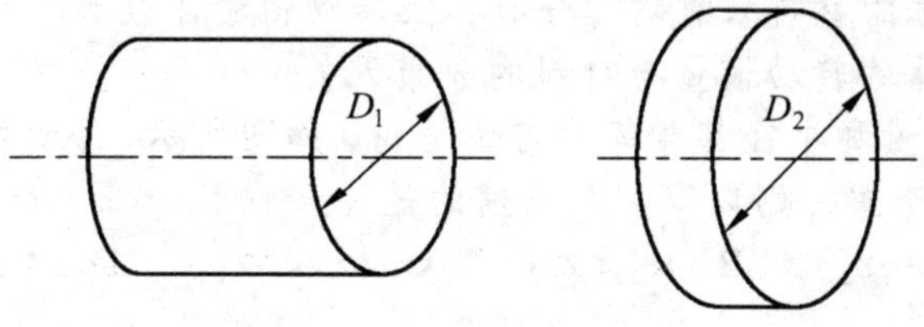

(a)　　(b)

二、判断题

1. 平动刚体上各点的轨迹一定是直线。（　）

2. 定轴转动刚体上与转轴平行的直线上各点的速度都是大小相等、方向相同的。（　）

3. 定轴转动刚体的角加速度若为正，则刚体一定做加速转动。（　）

4. 刚体对通过其质心轴的转动惯量最小。（　）

5. 刚体绕定轴转动时，若其角速度很大，则作用在其上的转矩一定也很大。（　）

6. 刚体做加速运动时，在刚体上除主动力、约束反力外，还作用着惯性力。（　）

三、单项选择题

1. 关于转动惯量以下说法正确的是（　　）。
   A. 刚体的材料分布距转轴越近，其转动惯量越大
   B. 刚体的材料分布距转轴越远，其转动惯量越大
   C. 刚体的材料只有均匀分布，其转动惯量才最大
   D. 刚体的转动惯量与材料的分布无关

2. 两个质量和半径都相等的匀质滑轮，如图所示，不计绳的质量和轴处的摩擦，则以下判断正确的是（　　）。
   A. $\alpha_1=\alpha_2$　B. $\alpha_1<\alpha_2$　C. $\alpha_2<\alpha_1$　D. 无法判断

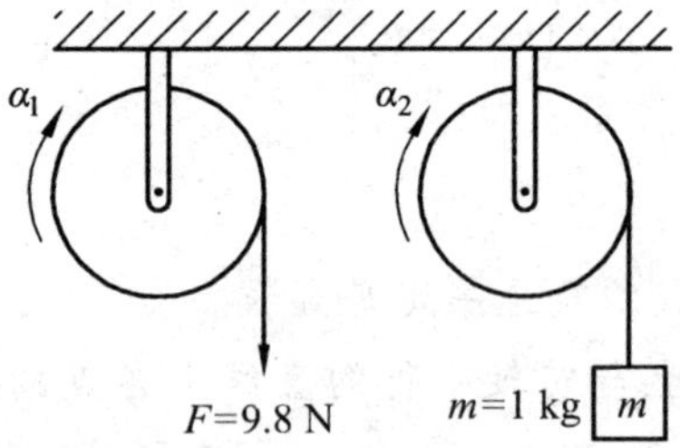

3. 旋转着的花样滑冰运动员将舒展着的臂、腿收缩与身体成一线时，运动员将（　　）。
   A. 旋转得更慢　　B. 旋转得更快
   C. 旋转速度不变　　D. 停止旋转

4. 质量相同的三个刚体 a、b、c 以相同的角速度 ω 绕其轴转动，如图所示，已知半径 $R_a<R_b<R_c$，若从某时刻起，它们受到相同的阻力矩作用，则（　　）。
   A. a 先停转　　B. b 先停转
   C. c 先停转　　D. a、b、c 同时停转

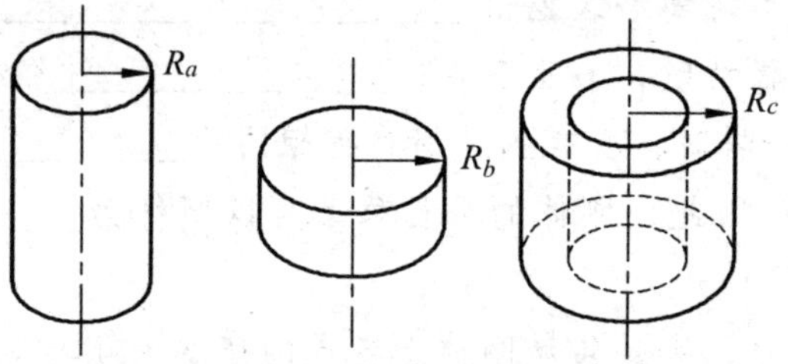

（a）厚圆盘　（b）薄圆盘　（c）圆筒

5. 图示为摩擦轮传动机构（$R_1>R_2$），若传动时两轮接触处没有相对滑动，则两轮的角速度及角加速度之间的关系是（　　）。

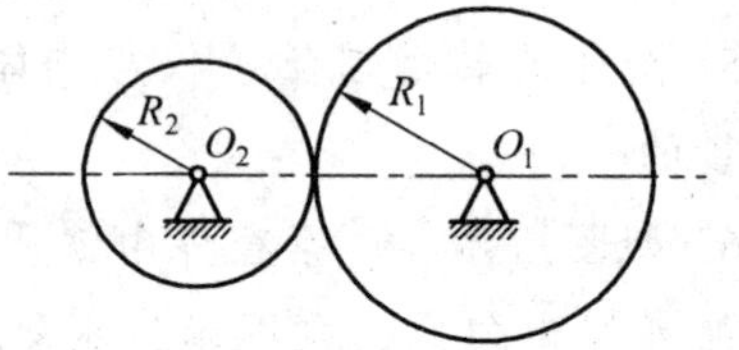

   A. $\omega_1=\omega_2$，$\alpha_1=\alpha_2$
   B. $\omega_1>\omega_2$，$\alpha_1>\alpha_2$
   C. $\omega_1<\omega_2$，$\alpha_1<\alpha_2$
   D. $\omega_1<\omega_2$，$\alpha_1>\alpha_2$
   E. $\omega_1>\omega_2$，$\alpha_1<\alpha_2$

6. 飞轮匀速转动时，若轮的半径增大一倍，轮缘上点的速度和加速度大小（　　）。
   A. 保持不变　　B. 都增大一倍
   C. 都减小一半　　D. 速度都增大一倍，加速度增大二倍

7. 设 J_{zA} 和 J_{zB} 分别是匀质细长杆对于通过其 A、B 两端的一对平行轴的转动惯量，若杆的质量为 m，长度为 l，则二者间关系式正确的为（　　）。

A. $J_{zB} = J_{zA} + ml^2$　　B. $J_{zA} = J_{zB} + ml^2$

C. $J_{zA} = J_{zB} = ml^2$　　D. $J_{zA} = J_{zB} = \frac{1}{3}ml^2$

四、计算题

1. 已知刚体的转动方程为：

（1）$\varphi = 3t^2 - t^3$　　（2）$\varphi = 4t - t^2$

式中，转角 φ 的单位为 rad，时间 t 的单位为 s。试求 $t = 1$ s、$t = 2$ s 时刚体的角速度及角加速度。

2. 飞轮的转速 $n = 600$ r/min，制动后做匀变速转动，经 5 s 停止。试求飞轮的角加速度及制动过程中转过的圈数。

3. 图示带轮边缘上一点 A 的速度为 50 cm/s，带轮上 B 点的速度为 10 cm/s，两点到转轴的距离相差 20 cm，求带轮的角速度和直径。

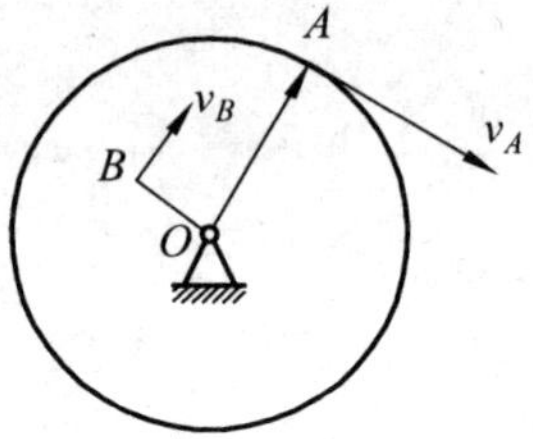

4. 汽轮机叶轮由静止开始做等加速转动，图示轮上点 M 距轴心 0.4 m，在某瞬时，其加速度的大小为 40 m/s^2，方向与 M 点的半径成 $\alpha = 30°$ 角。求叶轮的转动方程及当 $t = 5$ s 时点 M 的速度和向心加速度。

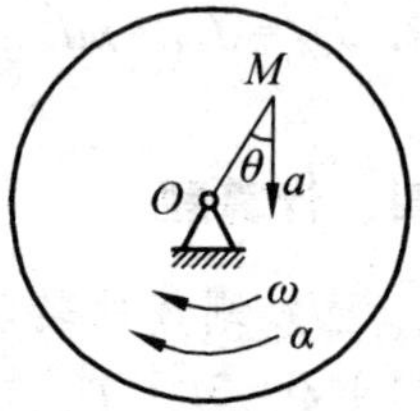

5. 两平行曲柄 AB、CD 分别绕固定水平轴 A、C 摆动，带动托架 DBE，因而可提升重物。已知某瞬时曲柄的角速度为 $\omega = 4$ rad/s，角加速度 $\alpha = 2$ rad/s^2，曲柄长 $r = 0.2$m。求物体重心的速度和加速度。

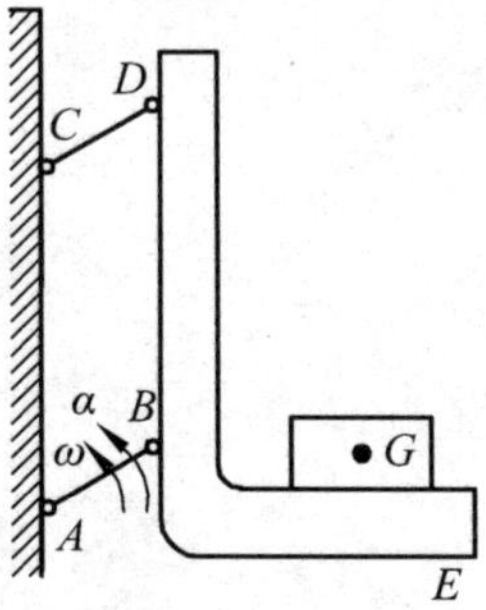

6. 固结在一起的两滑轮如图所示，其半径分别为 $r = 5$ cm，$R = 10$ cm，A、B 两物体分别与滑轮以绳相连。设物体 A 向下运动，其运动方程为 $s = 80t^2$（s 以 cm 计，t 以 s 计）。试求：（1）滑轮的转动方程及第 2 s 末大滑轮轮缘上一点的速度和加速度。（2）物体 B 的运动方程。

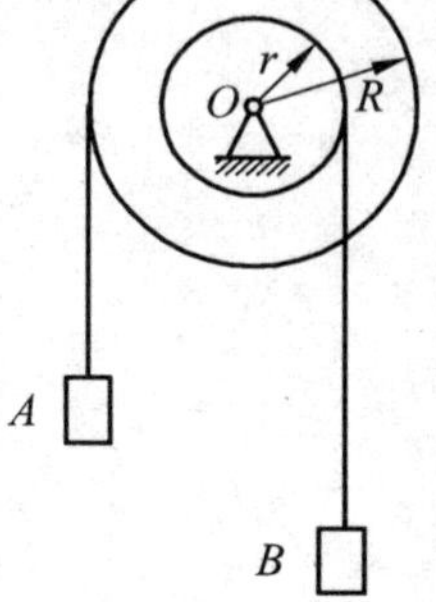

7. 摆锤在竖直平面内绕 O 轴做自由摆动，摆杆 OA 重 G，长 L；在摆杆 A 的两侧连着两个相同的圆盘，每个圆盘重 $4G$，半径为 r。已知 $L=3r$，求 $\theta=45°$ 时摆杆的角加速度。

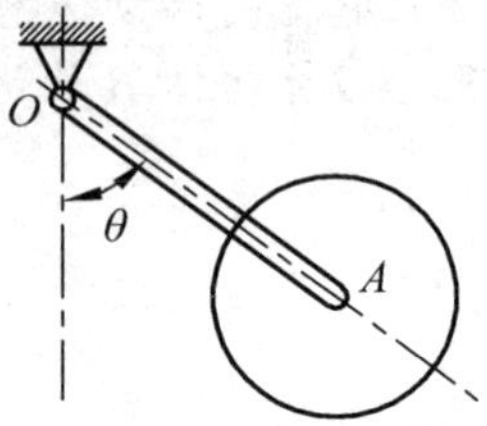

8. 一质量为 m、长度为 l 的均质细直杆 OA，一端可绕 O 点自由转动，一端用细绳悬挂在 E 点，细杆与水平方向的夹角 $\theta=30°$，若将细绳剪断，试求细直杆的角加速度及铰链 O 处的约束反力。

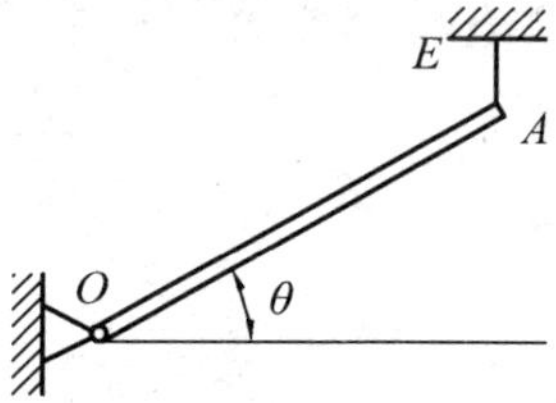

9. 为求轴承中的摩擦力矩，在轴上装一质量为 500 kg、回转半径 ρ = 0.5 m 的飞轮，使飞轮转速达 n = 2 400 r/min 后，任其自转，经 10 min 后飞轮停止。设轴承的摩擦力矩 M_f 为常量，求 M_f。

10. 设鼓轮重 G = 19.6 N，半径 R = 0.5 m，下端挂重物 G_1，当 G_1 自然落下时，鼓轮的角加速度 α = 3 rad/s^2。试求：

（1）鼓轮的转动惯量；

（2）鼓轮上所受转矩；

（3）鼓轮上所挂重物的重量。

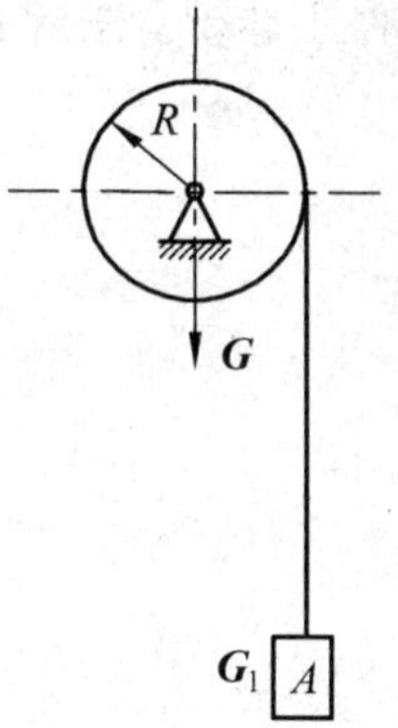

11. 质量为 100 kg、半径为 1 m 的匀质制动轮以转速 $n = 120$ r/min 绕 O 轴转动，设有一常力 F 作用于闸杆端部，使制动轮经 10 s 后停止转动。若摩擦块与轮之间的摩擦因数 $f = 0.1$，求 F 力的大小。

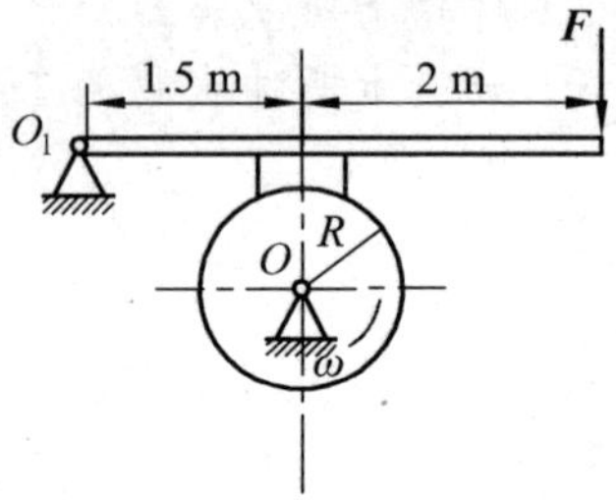

12. 汽车装运一货箱，箱高 $h = 2$ m，宽 $b = 0.8$ m，质心高度 $d = 1$ m。为保证货箱不会倾倒，汽车的加速度不得超过何值？

13. 设转子的偏心距 $e = 0.1$ mm，重为 200 N，转轴垂直于转子的质量对称面，转子匀速转动，转速为 $n = 12\ 000$ r/min。求图示位置轴承的附加动反力。

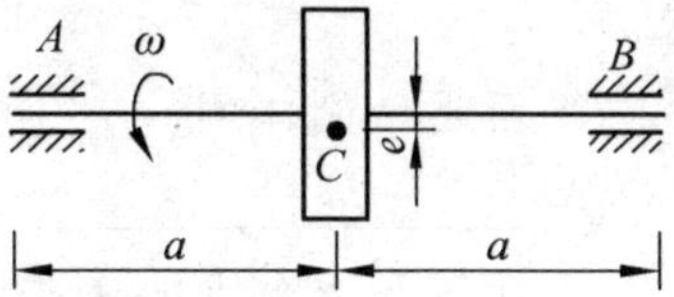

△14. 卷扬机的卷筒 C 半径为 r，对转轴的转动惯量为 J_C，滑轮 B 的半径为 R，转动惯量为 J_B，物体 A 重为 G，卷筒 C 上施加一转矩 M。不计轴承摩擦，试用动力学基本方程求物体 A 上升的加速度。

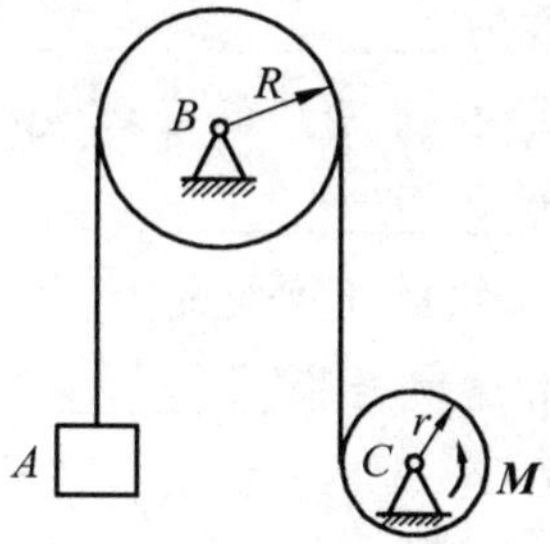

一、填空题

1. 在点的合成运动中，动点相对于静系的运动称为________，动点相对于动系的运动称为______________，动系相对静系的运动称为______________。

2. 在研究点的合成运动时，某瞬时动系上与动点相重合的点称为_____________。

3. 相对速度是指__________相对于_______________的速度；绝对速度是指__________相对于_______________的速度。

4. 在速度合成平行四边形中，_____________________速度应是以__________速度和________________________速度为边所构成的平行四边形的___________。

5. 河水流速为 4 m/s，小船划行速度为 5 m/s，则小船沿_____________________方向划行才能垂直到达对岸。

6. 汽车以速度 v_1 沿水平的直线道路行驶，雨点垂直下落的速度为 v_2，则雨点相对于汽车的速度大小为______________。

7. 刚体运动时，刚体上任意一点与某一固定平面的距离始终保持不变，则此种运动称为刚体的_________________。

8. 平面图形在其平面内运动时，可以将其看成是随基点的_______________和绕基点的___________的合成运动。

9. 刚体做平面运动时，其上任意两点的速度在这两点连线上的______相等。

10. 在某一瞬时，平面图形上速度为零的点称为图形在该瞬时的________。

11. 刚体做平面运动时，在任一瞬时只有________个瞬时速度中心。

12. 平面运动刚体的____________________与基点的选择无关，而它的_________________与基点的选择有关。

13. 平面图形内各点的速度大小与该点到速度瞬心的距离_______________________。

14. 半径为 R 的圆轮，在直线轨道上做无滑动的滚动。轮心速度为 v_0，则轮子滚动的角速度为 ω=__________；滚子与轨道接触点的速度为__________，轮子上最高点的速度为__________。

二、判断题

1. 成语“刻舟求剑”所描述的故事反映了这样一条真理：选择不同的参考系描述同一物体的运动，所得的结果显然不同。（　　）

2. 动点的绝对运动和相对运动都是动点的运动，只是相对的参考系不同而已。（　　）

3. 动点和动系可以在同一物体上。（　　）

4. 牵连运动是动系的运动，其运动可能是平动、转动或者是其他较复杂的运动。（　　）

5. 在研究点的合成运动时，某瞬时动系上与动点位置相重合的点称为牵连点。（　　）

6. 牵连点的位置不是固定不变的，不同瞬时有不同的牵连点。（　　）

7. 点的速度合成定理给出的是动点的绝对速度、相对速度和牵连速度三者之间的瞬时关系，这在动点运动过程中的每一时刻都成立。（　　）

8. 平动刚体上任一点的轨迹有可能是空间曲线，而平面运动刚体上任一点的轨迹则一定是平面曲线。（　　）

9. 速度瞬心的位置不是固定的，而是随时间不断地变化。（　　）

10. 速度瞬心在某一瞬时的速度为零，则该点的加速度也为零。（　　）

11. 平面图形做平面运动时，在任何瞬时有而且仅有一个点的速度为零，该点即为速度瞬心。（　　）

12. 平面运动刚体绕瞬心的转动与刚体绕定轴的转动在本质上是相同的。（　　）

三、单项选择题

1. 下列说法中，正确的是（　　）

　A. 牵连速度是动参考系相对于静参考系的速度

　B. 牵连速度是动参考系上任一点相对于静参考系的速度

　C. 牵连速度是某瞬时动参考系上与动点相重合的点相对于静参考系的速度

　D. 牵连点是动参考系上的固定点

2. 在如图所示摇杆滑块机构中，取滑块 A 为动点，动参考系与摇杆 OC 固连，则下列速度合成矢量图中正确的是（　　）。

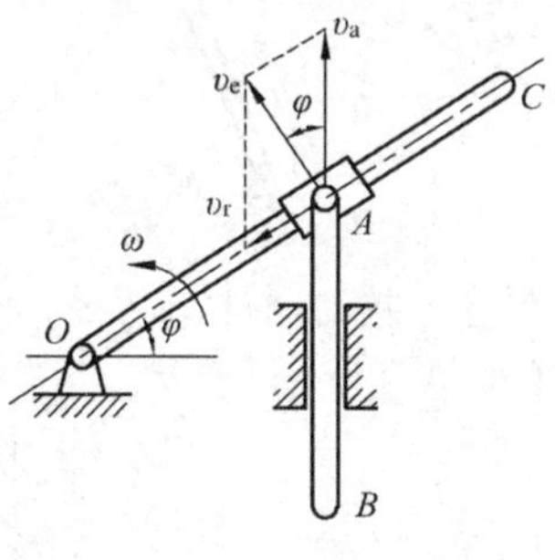

A.

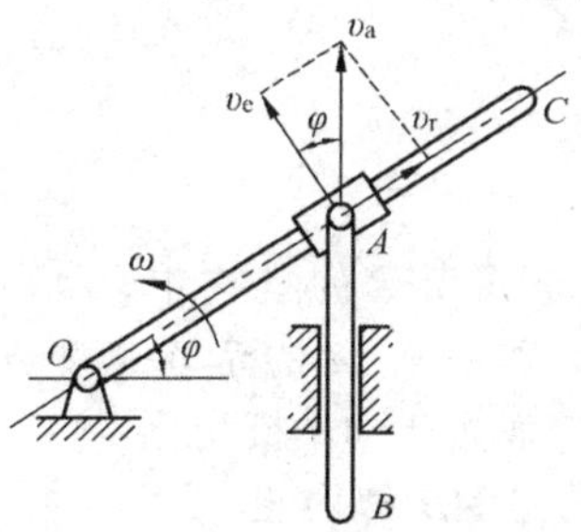

B.

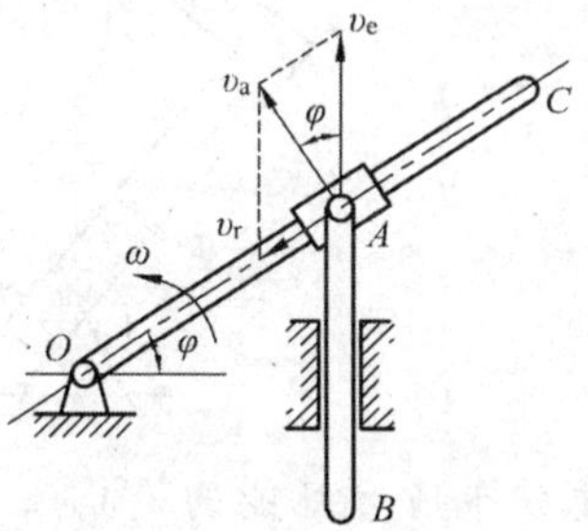

C.

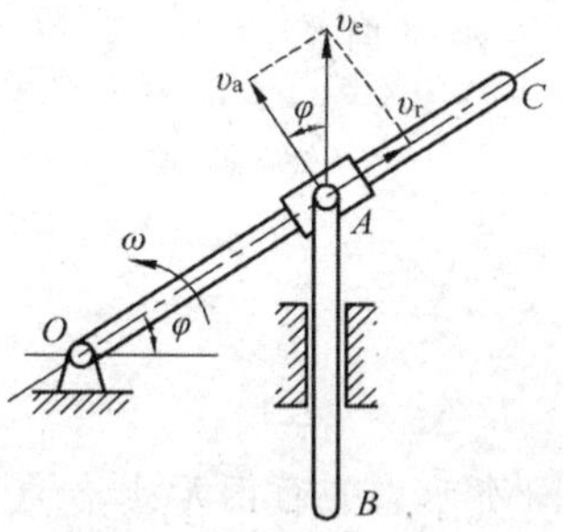

D.

3. 在如图所示的机构中，取曲柄 OA 的端点 A 为动点，滑杆 BCD 为动系，则动点 A 的牵连运动为（　　）。

A. A 点向上做直线运动

B. OA 杆的定轴转动

C. 滑杆 BCD 的铅垂平动

D. A 点沿水平向左做直线运动

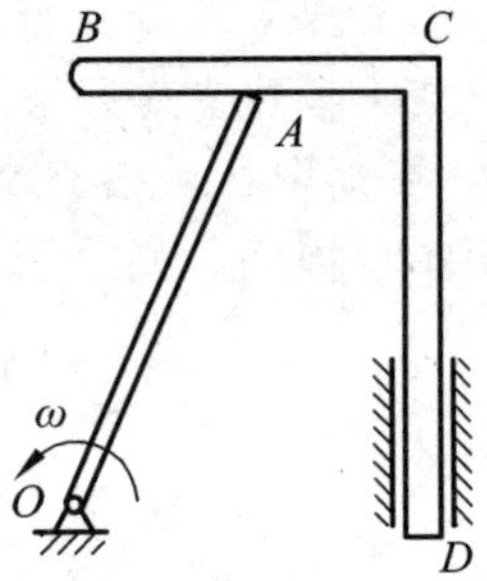

4. 在下图所示的机构中，动点是滑块上的销钉 M，动系固结在杆 OAB，则动点 M 的牵连速度方向为（　　）。

A. 垂直于 AB 槽向上

B. 沿 AB 槽向上

C. 沿 AB 槽向下

D. 沿水平向左

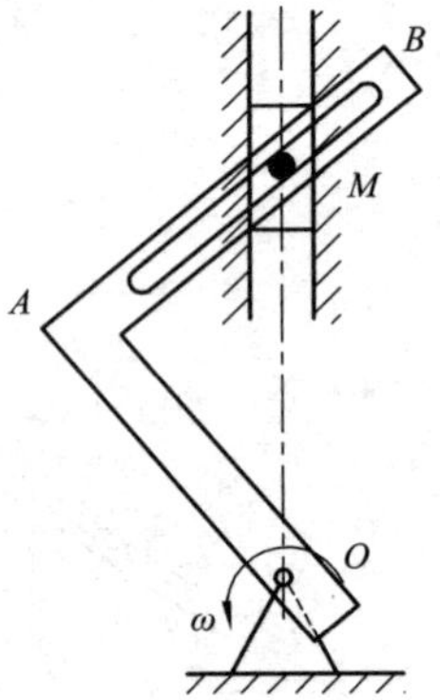

5. 如图所示，平面图形上各点的速度分布情况可能的是（　　）。

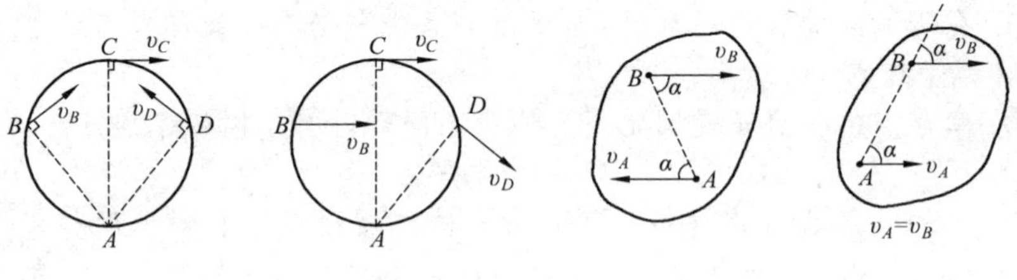

6. 如图所示，拖车的车轮 A 与滚柱 B 的半径均为 r，两轮均沿地面做纯滚动。当拖车以速度 $\boldsymbol{v}$ 前进时，轮 A 与滚柱 B 的角速度关系为（　　）。

A. $\omega_A=\omega_B$　　B. $\omega_A=2\omega_B$

C. $\omega_B=2\omega_A$　　D. $\omega_A=\dfrac{1}{2}\omega_B$

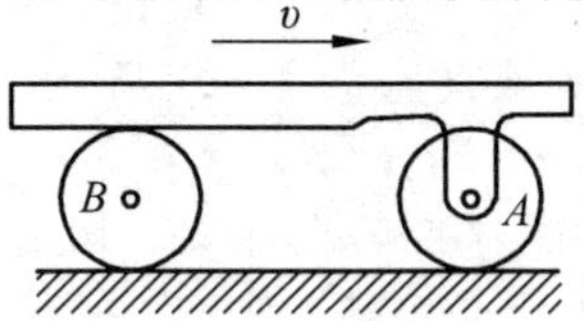

7. 如下图所示瞬时，已知 $\boldsymbol{v}_B$，则 A 点的速度应为（　　）。

A. $v_A=v_B\cot\alpha$　　B. $v_A=v_B\sin\alpha$

C. $v_A=v_B\cos\alpha$　　D. $v_A=v_B\tan\alpha$

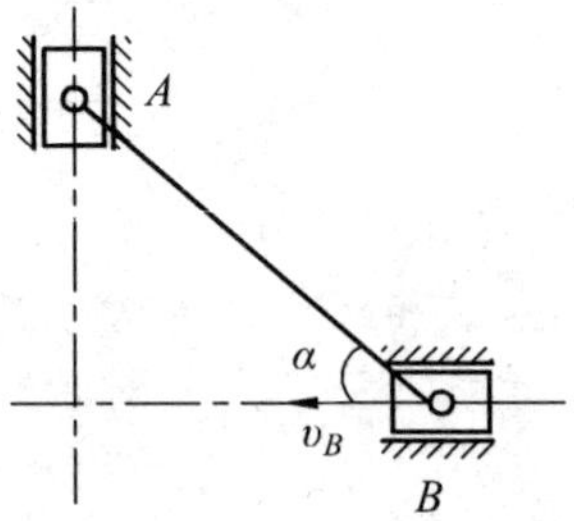

四、作图题

1. 试在图示机构中恰当地选取动点、动参考系，并作出速度合成矢量图。

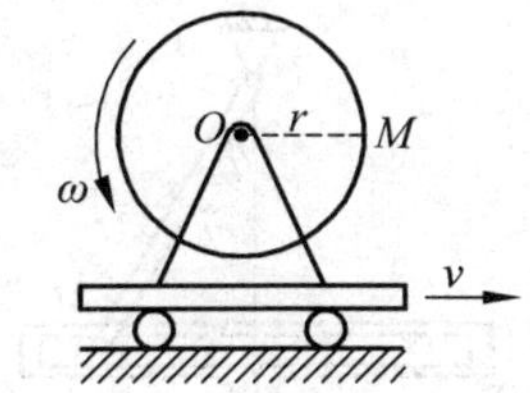

（a）

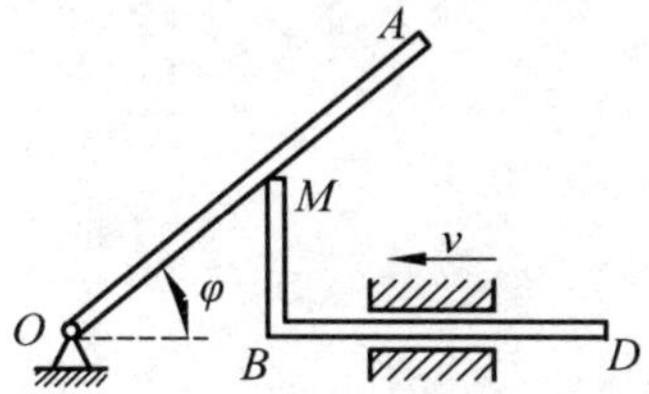

（b）

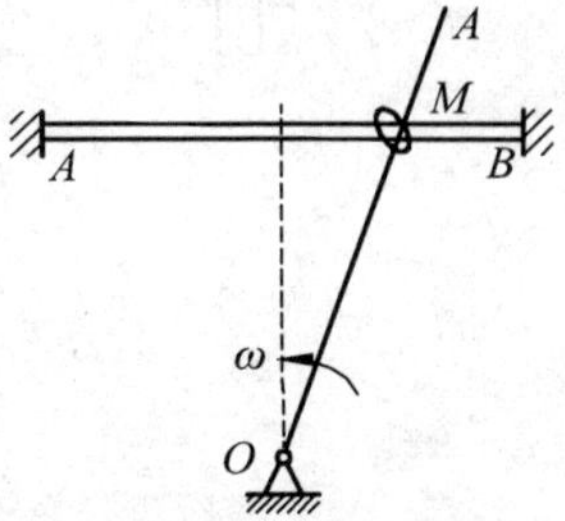

（c）

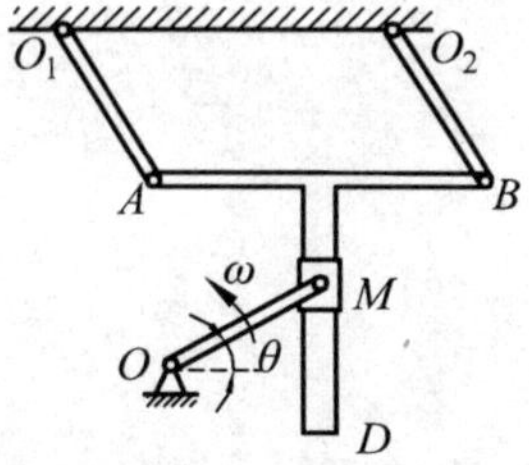

（d）

2. 平面机构如图所示，试画出各连杆 AB 的瞬时速度中心。

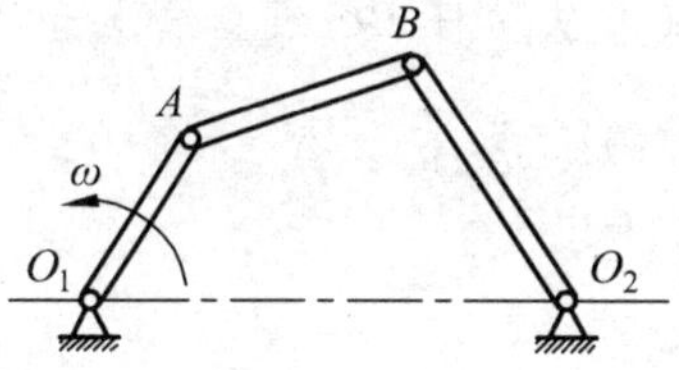

（a）

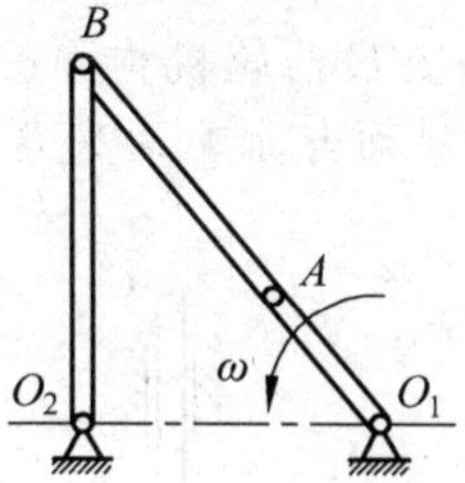

（b）

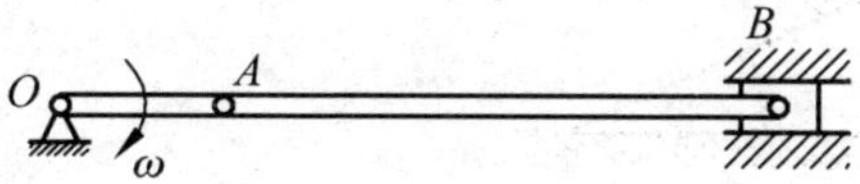

（c）

五、计算题

1. 一直线凸轮机构如图所示，凸轮 A 以速度 $v=0.2$ m/s 向右运动，凸轮斜面与水平面夹角 $\alpha=10°$，试求从动杆 BC 沿直线上升的速度。

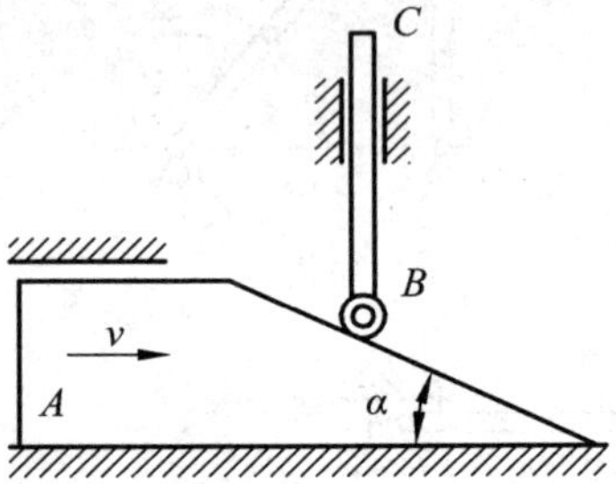

2. 曲柄滑道机构如图所示，曲柄长 $OM=20$ cm，绕 O 轴转动，曲柄一端用铰链与滑块 M 相连，滑块可在滑道中滑动，并带动导杆 AD 上下运动。当曲柄转动到与铅垂线夹角 $\theta=30°$ 时，其转速为 $n=90$ r/min。求该瞬时导杆的速度。

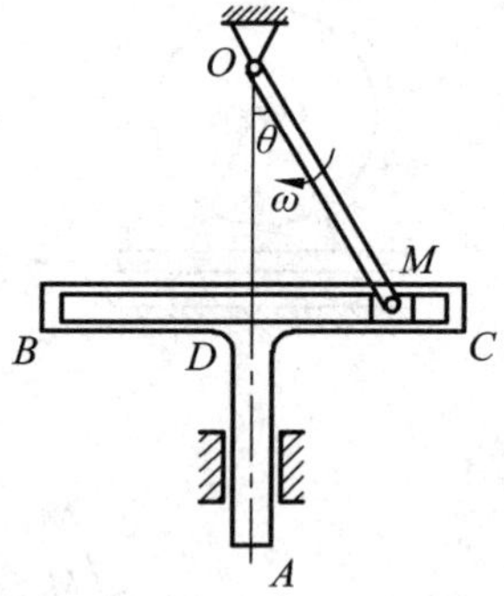

3. 两种曲柄摆杆机构如图所示。已知 $O_1O_2 = 250$ mm，$\omega_1 = 0.3$ rad/s。试求在图示位置时杆 O_2A 的角速度 ω_2。

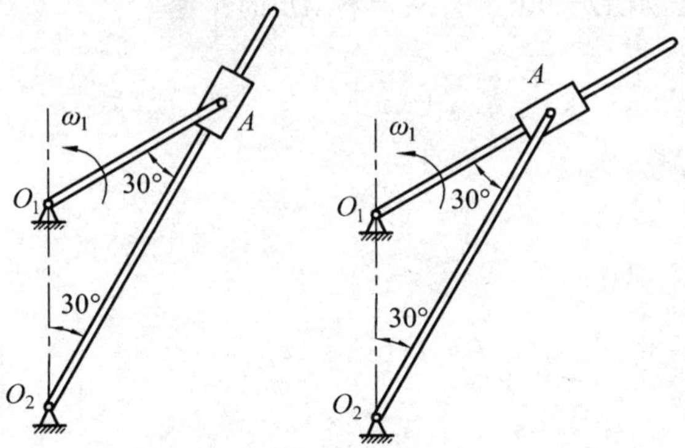

（a）　　（b）

4. A 船以 $v_1 = 30\sqrt{2}$ km/h 的速度向南航行，B 船以 $v_2 = 30$ km/h 的速度向东南航行。求 B 船相对于 A 船的速度。

5. 裁纸机构如图所示，纸由传送带以速度 $v_1 = 0.05$ m/s 的速度输送，裁纸刀 K 沿固定导杆 AB 以速度 $v_2 = 0.13$ m/s 的速度移动。欲使裁出的纸为矩形，试求导杆 AB 的安装角 θ 应为多少？

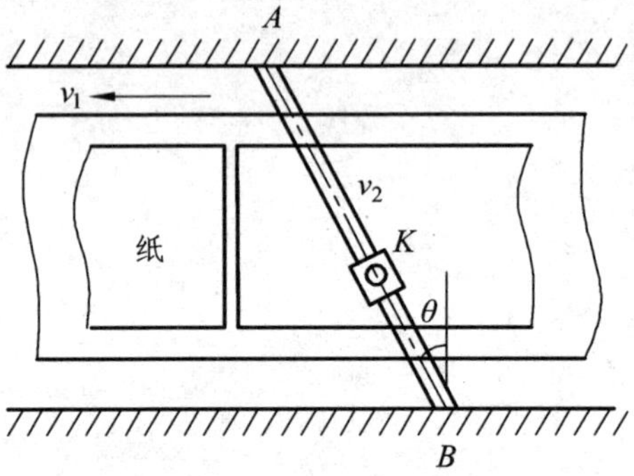

6. 偏心凸轮机构如图所示，凸轮偏心距 $OC = a = 50$ mm，凸轮半径 $r = \sqrt{3}a$，并以匀角速度 $\omega = 2$ rad/s 绕 O 轴转动。试求当 $\angle ACO = 90°$ 时，从动杆 AB 的速度。

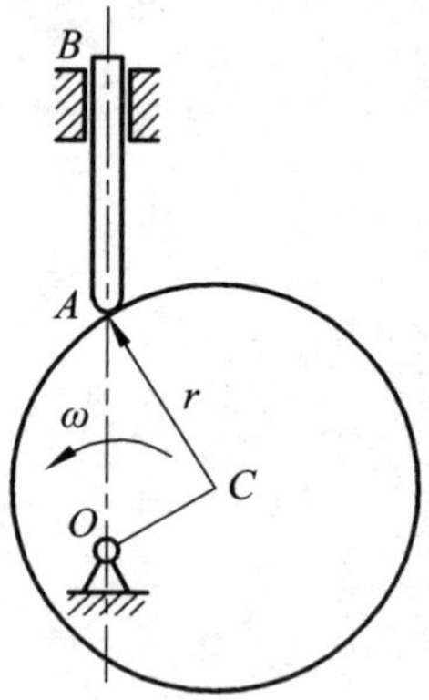

7. 四连杆机构 $OABO_1$ 中，$OA=O_1B=\dfrac{1}{2}AB$，曲柄 OA 以角速度 $\omega_O=3\ \text{rad/s}$ 转动。在图示位置 $\varphi=90°$，而 O_1B 正好与 OO_1 的延长线重合。求在此瞬时杆 AB 和 O_1B 的角速度。

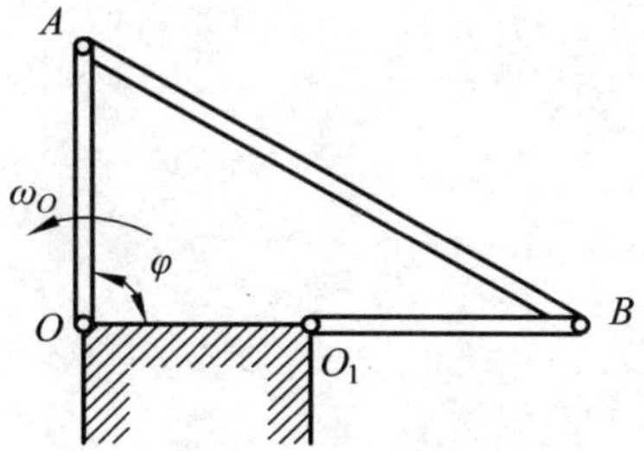

8. 固定齿轮Ⅰ的半径为 $R=300\ \text{mm}$，行星齿轮Ⅱ的半径为 $r=200\ \text{mm}$。曲柄 OA 以转速 $n=60\ \text{r/min}$ 绕 O 轴转动，带动齿轮Ⅱ沿齿轮Ⅰ滚动。求在图示位置，齿轮Ⅱ的角速度以及 B、C、D 三点的速度。

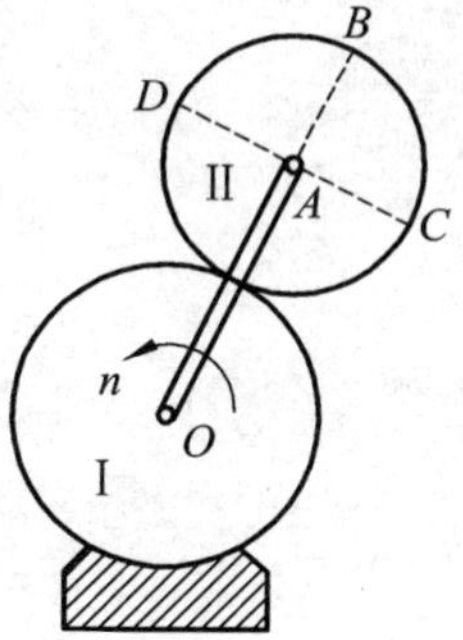

△9. 偏置曲柄连杆机构如图所示，OA 以角速度 ω= 1.5 rad/s 绕 O 轴转动，长度 $OA = r$ = 0.4 m，AB = 2 m，h = 0.5 m，求曲柄在两铅垂位置及两水平位置时，滑块 B 的速度。

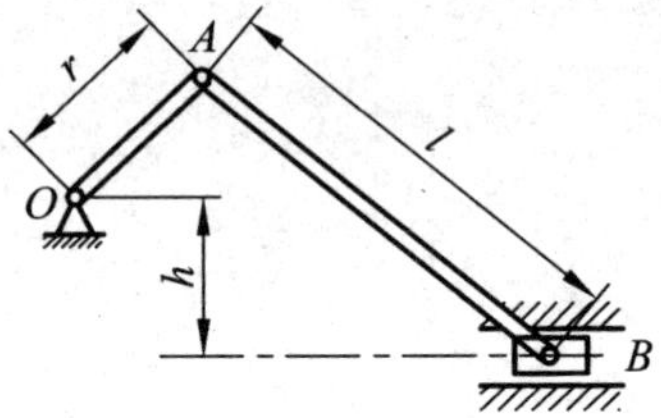

10. 如图所示，柴油机的曲柄 $OA=r=80$ cm，连杆 $AB=160$ cm，曲柄 OA 的转速 $n=116$ r/min。求当 α 分别为 0° 和 90° 时，连杆 AB 的角速度和活塞 B 的速度。

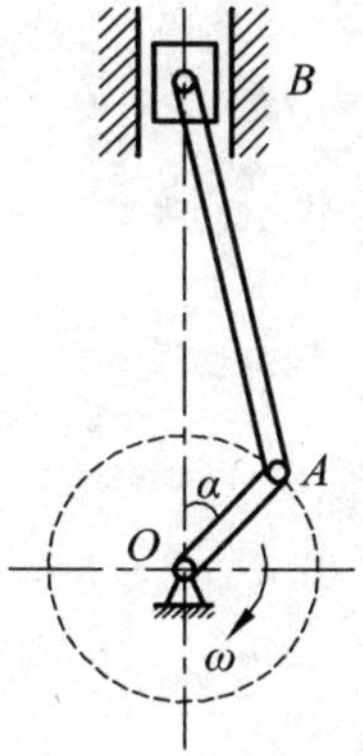

11. 列车车厢利用车轮的旋转带动发电机，机构如图所示。车厢以 60 km/h 匀速前进。已知 $R=0.5$ m，$r=0.3$ m，$r_1=0.05$ m，试求发电机的转速。

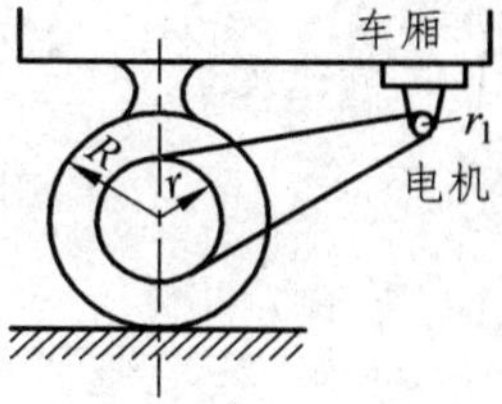

12. 齿轮刨床的刨刀运动机构如图所示。曲柄 OA 以角速度 ω_O 绕 O 轴转动，通过齿条 AB 带动齿轮Ⅰ绕 O_1 轴转动。已知 $OA=R$，齿轮Ⅰ的半径 $O_1C=r=\dfrac{R}{2}$。在图示位置 $\alpha=60°$，求此瞬时齿轮Ⅰ的角速度。

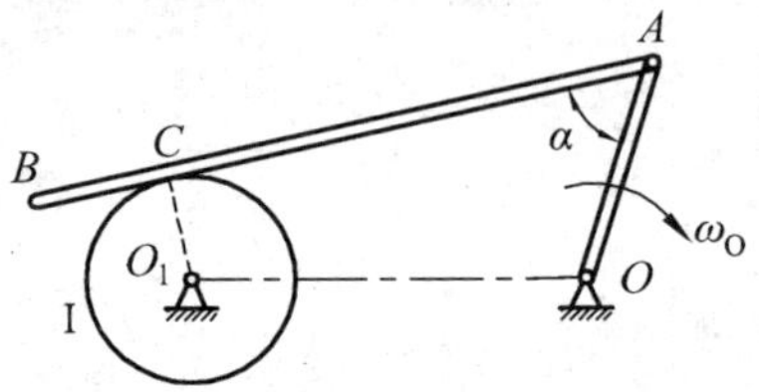

13. 两轮半径均为 r，用连杆 BC 连接，如图所示。设轮 A 的中心速度为 v_A，方向水平向右，并且两轮均沿地面做纯滚动。求当 $\beta=0°$ 及 $90°$ 时，B 轮的中心速度 v_B。

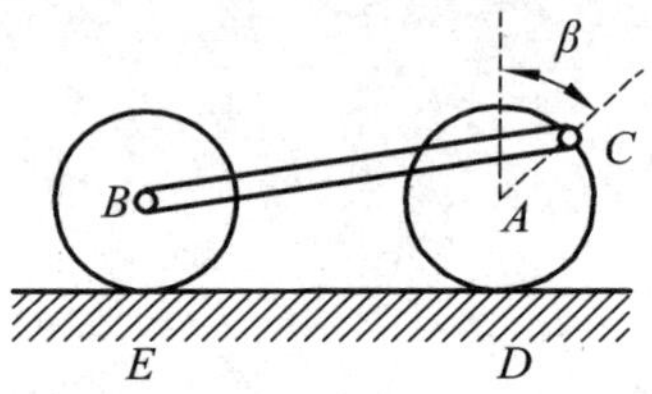

一、填空题

1. 物体的重心降低时，重力做__________功；重心升高时，重力做__________功。

2. 常力矩对转动刚体做的功等于________________。

3. 重力的功与物体运动的轨迹_________。

4. 在给定的时间内机器所做的功愈多，则机器的__________就愈大。

5. 起重机以匀速 $v = 0.2$ m/s 提升重 $G = 10$ kN 的货物，此时起重机的功率等于____________。

6. 在弹性范围内，若使弹簧的变形量增加一倍，弹性力所做的功增加_______倍。

7. 当功率一定时，F_τ与 v 成_______比、M 与 ω 成_______比。

8. 已知传动轴所传递的功率为 P（kW），转速为 n（r/min），则传动轴所传递的转矩为______________________。

9. 当机器正常稳定运转时，机器的_______功率与_______功率之比称为机械效率。

10. 工程上的一般约束，如固定铰支座、光滑接触面等的约束反力都________做功。

11. 汽车上坡行驶需要较大的牵引力，在汽车功率一定的情况下，驾驶员应换挡使汽车速度__________。

12. 动能定理应用于刚体时，只考虑________力的功。

二、判断题

1. 弹性力所做的功不仅与弹簧的变形量有关，而且与弹簧是受拉伸还是受压缩有关。（　）

2. 在任一路程中，作用于运动质点上的合力所做的功等于各分力功的代数和。（　）

3. 摩擦力所做的功都是负功。（　）

4. 物体的动能愈大，作用在其上的力所做功也愈大。（　）

5. 定轴转动刚体的动能等于刚体对转轴的转动惯量与角加速度平方乘积的一半。（　）

6. 若机器的功率恒定，轴的转速越低，输出的转矩越大；反之，轴的转速越高，输出的转矩越小。（　）

7. 功率大的机器，机械效率也一定高。（　）

8. 在车床上车削工件时，工件转速的高低与车刀的切削力成反比。（　）

9. 计算质点系的动能时，不必考虑各质点的运动方向。（　）

三、单项选择题

1. 所谓力的功，实际上就是表示力在（　）对物体作用的积累效应。

A. 一段时间内　　B. 速度的变化中

C. 一段位移内　　D. 一段路程上

2. 如图所示，质量为 m 的物块沿半径为 r 的圆弧从 A 点滑到 B 点时，重力所做的功为（　　）。

A. mgr　　B. $-mgr$　　C. $\sqrt{2}mgr$　　D. $-\sqrt{2}mg$

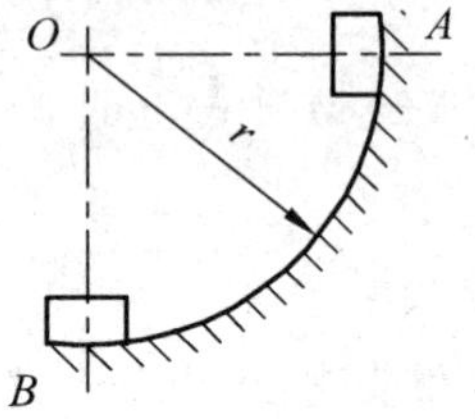

3. 如图所示，弹簧原长为 l_0，刚性系数为 k，一端固定，另一端系一物块。当物块 M 由位置 A 运动到位置 B 时，弹性力所做的功为（　　）。

A. $\frac{3}{2}ka^2$　　B. $-2ka^2$　　C. $\frac{1}{2}ka^2$　　D. 0

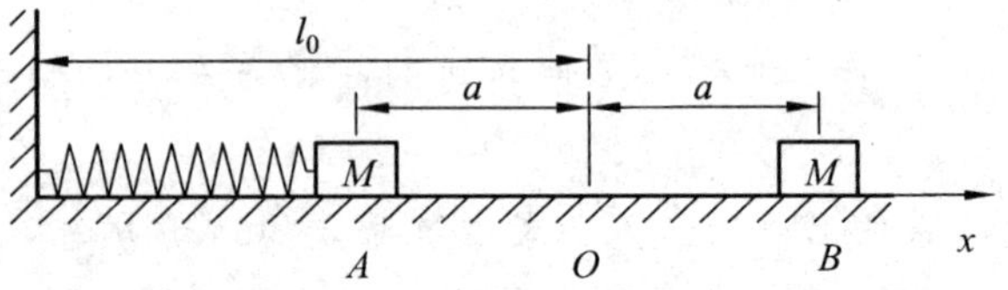

4. 如图所示，不计半径的摆锤质量为 m，不计质量的摆杆长为 l。当摆锤绕 O 点自最高点 A 处摆动到最低点 B 处，重力所做的功为（　　）。

A. πmgl　　B. $2mg$　　C. $-2mgl$　　D. $-\pi mgl$

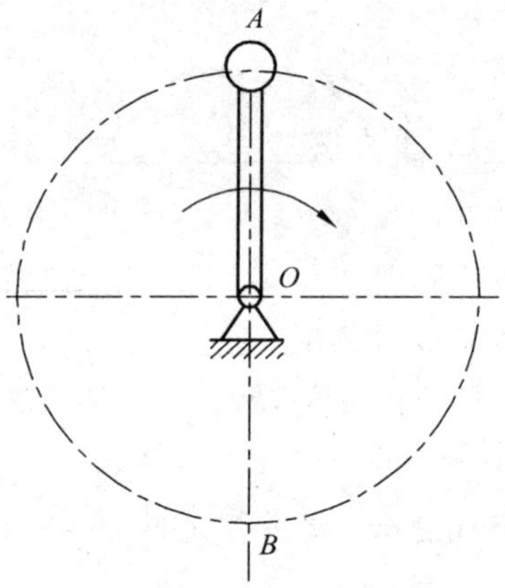

5. 如图所示，已知匀质圆盘质量为 m、半径为 R，绕过 O 点并垂直于圆盘平面的轴以匀角速度 ω 转动，则其动能为（　　）。

A. $\frac{1}{2}mr^2\omega^2$　　B. $\frac{1}{4}mr^2\omega^2$

C. $\frac{3}{4}mr^2\omega^2$　　D. $mr^2\omega^2$

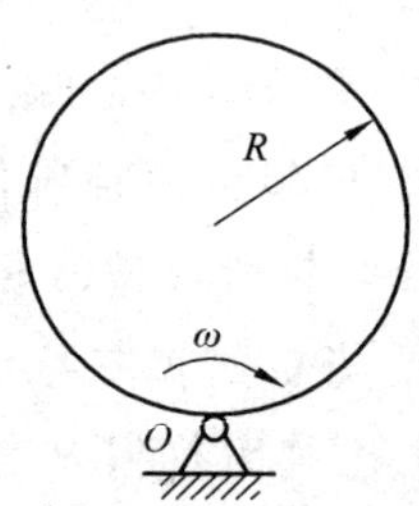

6. 若在某一运动过程中，质点系中各力做功之和为零，则质点系在该过程中的动能（　　）。

A. 为零　　B. 增大　　C. 减少　　D. 不变

7. 在距地面相同的高度处，以相同的初速度分别上抛、平抛、下抛质量相等的三个小球。不计空气阻力，则它们落地时的速度为(　　)。

A. 平抛最大　　B. 下抛最大

C. 上抛最大　　D. 三球速度相等

8. 在车床上车削大直径工件时，一般情况下采用的转速是(　　)。

A. 高速　　B. 中速

C. 较低速　　D. 什么速度均可以

9. 汽车速度由零增至 2 m/s，再由 2 m/s 增至 4 m/s，这两种情况下汽车发动机所做的功(　　)。

A. 相等

B. 第一种情况做功多，第二种情况做功少

C. 第一种情况做功少，第二种情况做功多

D. 不能判断

10. 如图所示，质量为 m 的物块在长为 l、倾角为 α 的斜面上无摩擦地由静止自最高点 A 处开始向下滑动，当物块到达最低点 B 处时其速度为(　　)。

A. $\sqrt{2gl\sin\alpha}$　　B. $2\sqrt{gl\sin\alpha}$

C. $2gl\sin\alpha$　　D. $\sqrt{2}gl\sin\alpha$

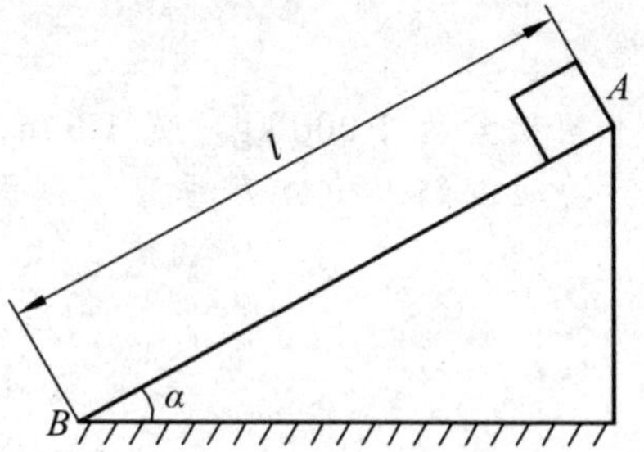

11. 如图所示，各构件的质量均为 m，$OA = O_1B = r$，$AB = OO_1 = 2r$，OA 杆以匀角速度 ω 绕 O 轴转动，则该机构的动能为(　　)。

A. $mr^2\omega^2$　　B. $\frac{5}{6}mr^2\omega^2$　　C. $\frac{7}{12}mr^2\omega^2$　　D. $\frac{3}{2}mr^2\omega^2$

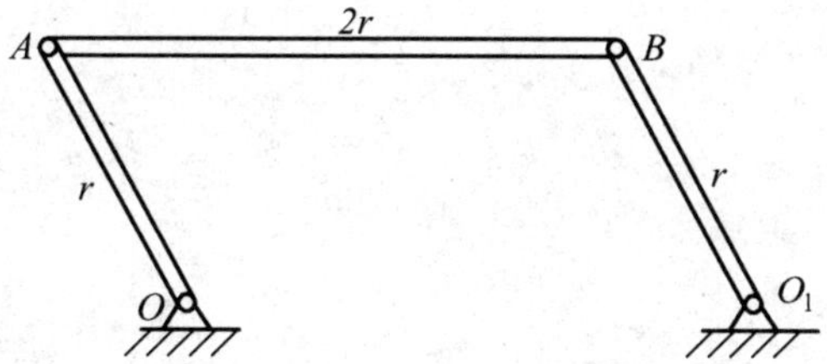

四、计算题

1. 如图所示，一木箱质量为 1 000 kg，宽 1.6 m，高 2 m，。如果要使它绕棱边 E 转动后翻倒（棱边 E 垂直于图面），最少要对它做多少功？

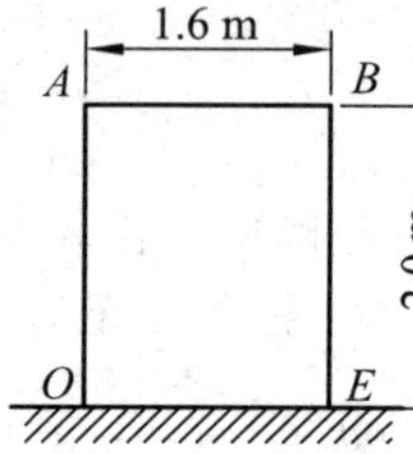

2. 如图所示，质量 m 为 10 kg 的物块 M 搁在倾角 $\alpha=35°$ 的斜面上，并用刚性系数 $k=120$ N/m 的弹簧系住。物块与斜面间的动摩擦因数 $f=0.2$。试计算物块由弹簧的原长位置 M_0 沿斜面运动到位置 M_1 时，作用于物块的各力在路程 $s=0.5$ m 上的功及合力的功。

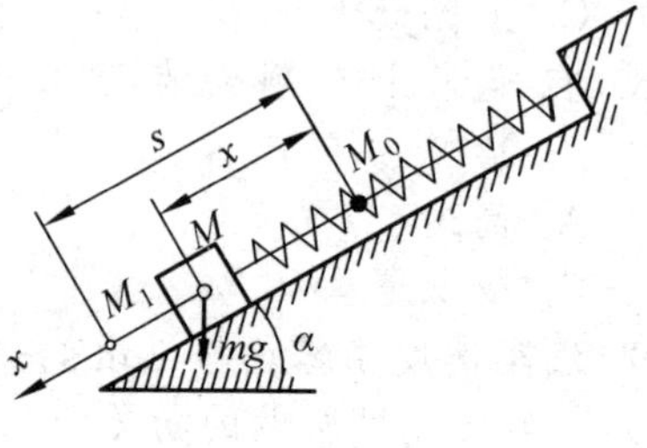

3. 在龙门刨床上加工零件时，切削力 $F=8\ \text{kN}$，工作台的速度（即切削速度）$v=24\ \text{m/min}$，机械效率 $\eta=0.8$。求带动刨床所需的输入功率。

4. 如图所示，一电机的转速 $n=1\,125\ \text{r/min}$，经带轮传动装置带动砂轮。已知砂轮的直径 $d=30\ \text{cm}$，工件与砂轮间的切向摩擦力 $F=20\ \text{N}$，两带轮的直径分别为 $d_1=24\ \text{cm}$，$d_2=12\ \text{cm}$，传动装置的机械效率 $\eta=0.9$，求电机的输出功率。

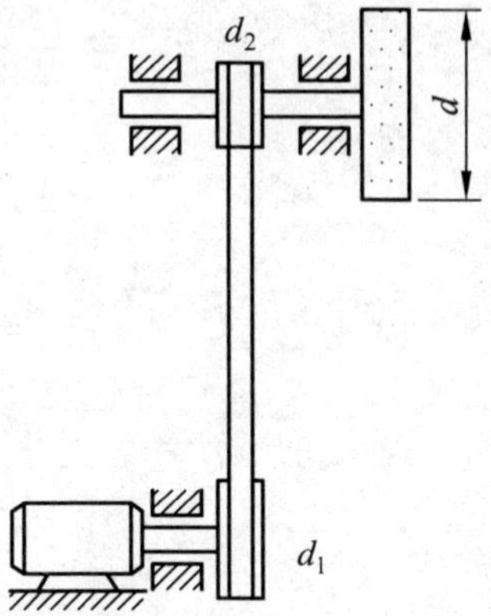

5. 已知重为 G 的物体以初速度 $v=5\ \text{m/s}$ 在水平面上滑行 6 m 后停止，求物体与水平面间的摩擦因数。

6. 冲击试验机的主要部分是一个固定在杆上的摆锤 A，它可以绕固定水平轴 O 转动。可视为质点的摆锤重为 G，不计质量的摆杆长为 $OA=l=1\ \text{m}$。试求摆锤由最高位置 A_1 由于微小扰动落到最低位置 A_2 时的速度以及杆所受的力。轴承处的摩擦忽略不计。

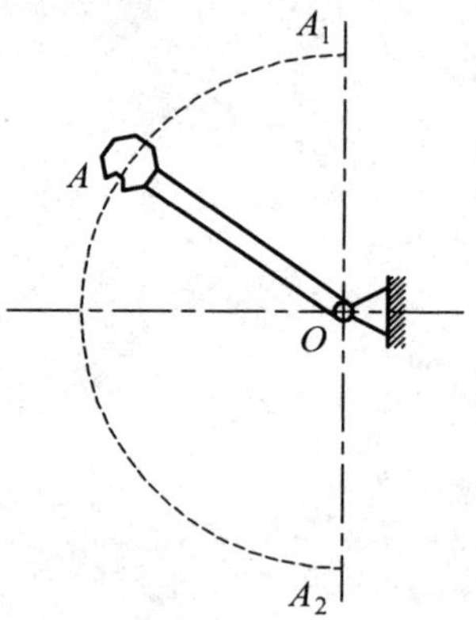

7. 试计算图示各匀质物体的动能。已知各物体的质量均为 m，绕定轴 O 转动的角速度为 ω，尺寸如图所示。

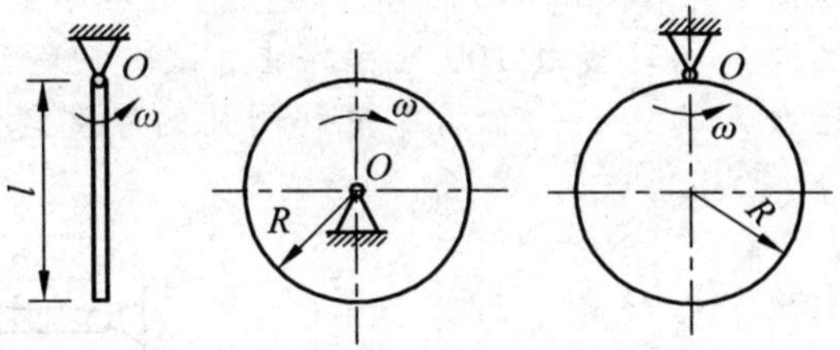

(a)　(b)　(c)

8. 已知滑轮的质量为 m，半径为 R，可视为匀质圆盘；物块 A 和 B 的质量分别为 $2m$ 和 m，若不计绳索的质量和变形，试求当滑轮的角速度为 ω 时，整个系统的动能。(设绳索与轮之间无打滑)

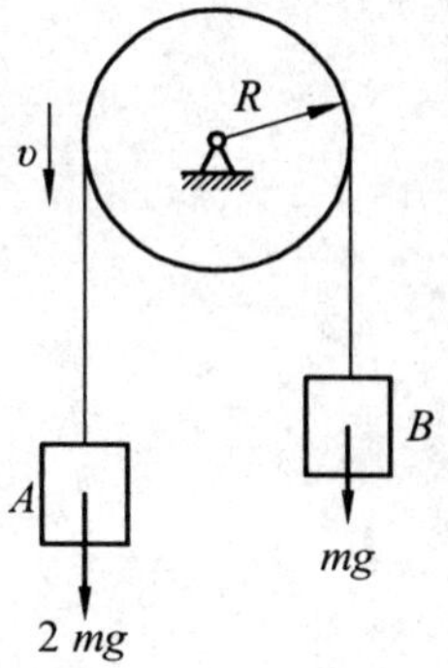

9. 图示鼓轮的质量 $m=40$ kg，半径 $R=0.4$ m，可视为匀质圆盘。绕在鼓轮上的绳索一端悬挂重 $G=2$ kN 的物体，鼓轮上的驱动力矩 $M=1$ kN·m。若系统由静止开始运动，求重物上升 10 m 时的速度。

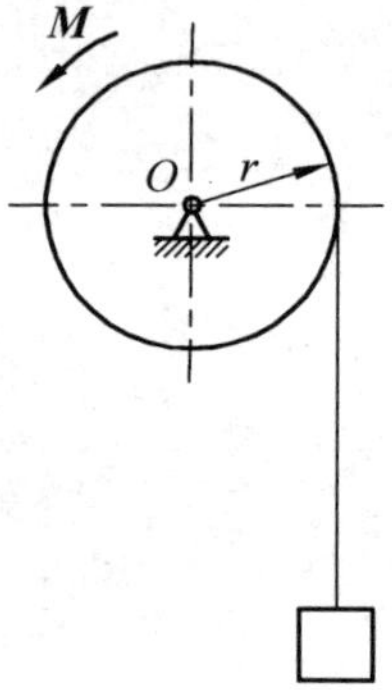

10. 在图示制动装置中，已知飞轮质量 $m=20$ kg，并可视为半径 $r=10$ cm 的匀质圆盘，转速 $n=1\ 000$ r/min。制动杆长 $l=50$ cm，距离 $b=10$ cm，闸瓦与飞轮间的滑动摩擦因数 $f'=0.6$。若制动后欲使飞轮转过 100 转而停止，试求在制动杆手柄上应作用的垂直力 F 的大小。轴承摩擦和闸瓦的厚度忽略不计。

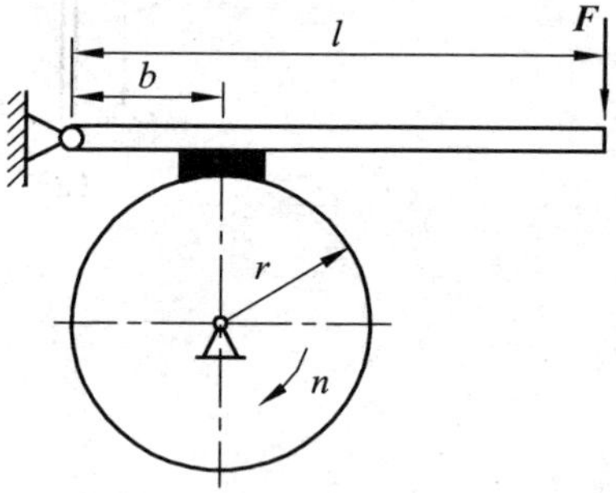

11. 导轮的半径 $r=0.4$ m，绕转轴的转动惯量 $J_O=200\ \text{kg}\cdot\text{m}^2$。图（a）中，$G_A=10$ kN，$G_B=6$ kN。图（b）中，$F_A=10$ kN，$F_B=6$ kN，系统由静止开始运动。试求当导轮转过 180° 时，图（a）、（b）两种情况下导轮角速度的比值。

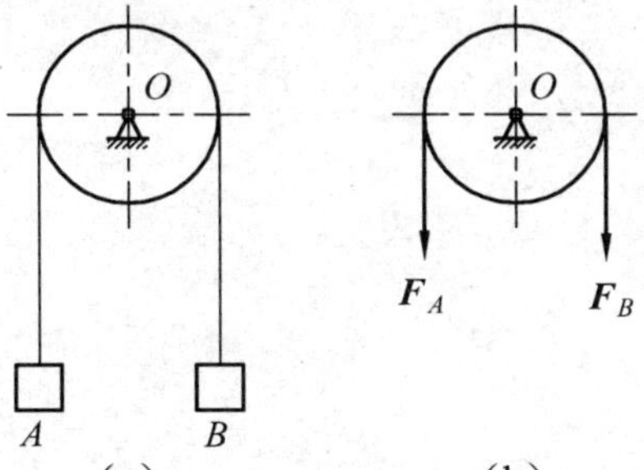

12. 弹簧的刚性系数是 k，上端固定，下端悬挂重为 G 的物体 B。设在弹簧原长 l_0 处物体 B 被无初速地释放，试求物体此后下降的最大距离 $\delta_{\max}$。空气阻力和弹簧的质量都忽略不计。

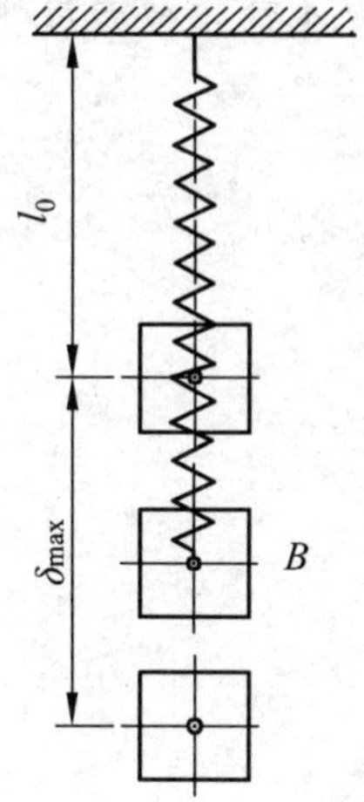

13. 图示平行连杆机构中，已知曲柄长 $O_1A=O_2B$，连杆长 $AB=O_1O_2$，三杆均为匀质杆，其质量、长度相同，分别为 m 和 l。求当 O_1A 与铅垂方向成 φ_0 角时无初速释放后，运动至铅垂位置时，O_1A 杆转动的角速度。

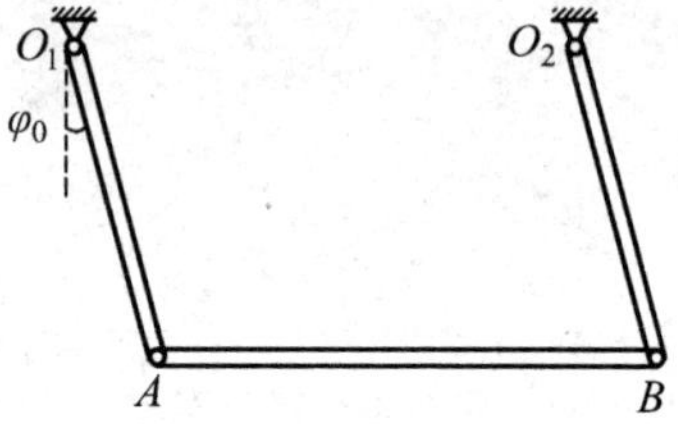

14. 载荷 $G=1$ kN，自高度 $h=10$ cm 处下落，撞在 22a 工字钢简支梁的 C 点上。设梁长 $l=2$ m、$E=200$ GPa，试求梁的最大正应力及跨中挠度。

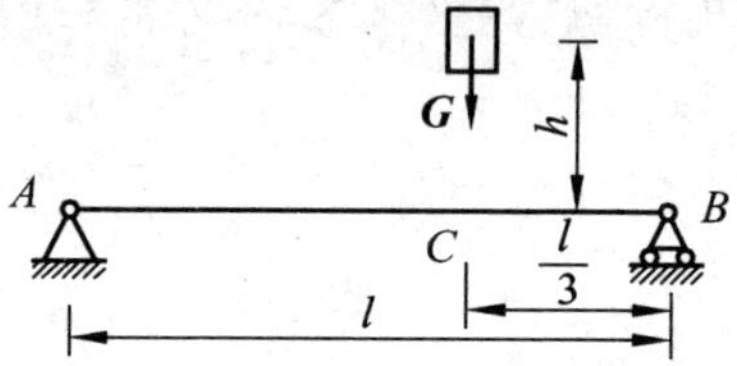

15. 如图所示，直径 $d=300$ mm、$l=6$ m 的圆木桩下端固定、上端自由，并受重量 $G=5$ kN 的重锤作用，木材的弹性模量 $E=10$ GPa。试求下述三种情况下木桩内的最大应力。

(1) 重锤以突加载荷方式作用于木桩；

(2) 重锤从离木桩上端高 0.5 m 处自由落下；

(3) 木桩上端放置直径 $d_1=150$ mm、厚度 $t=40$ mm 的橡皮垫层，橡皮的弹性模量 $E=8$ MPa，重锤仍从离橡皮垫顶高 0.5 m 处自由落下。

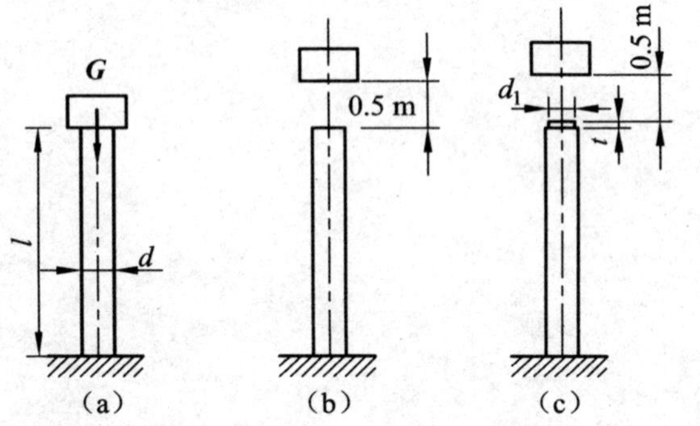